ULRICH STRIEBL

Erfolgreiche Verhandlungsführung im Verkauf

So erzielen Sie Win-win-Ergebnisse

SiGNUM

Besuchen Sie uns im Internet unter
www.signumverlag.de

Schutzumschlag: g@wiescher-design.de
Satz: net[t]werker, München
Gesetzt aus der 10,75/14 Punkt Optima
Druck und Binden: CPI Moravia Books GmbH
Printed in EU
ISBN: 978-3-85436-423-8

Inhaltsverzeichnis

1.
Einleitung

Ein explizites »Nein!« unseres Verhandlungspartners, eine fehlende Übereinstimmung zwischen Personen oder Institutionen oder ein unterschiedliches Interesse und Bedürfnis ist die Voraussetzung und der Anfang jeder Verhandlung.

Die Definition für Verhandlung laut Wikipedia klingt folgendermaßen: »Als Verhandlung wird im betriebswirtschaftlichen, juristischen, soziologischen und privat-emotionalen Bereich des menschlichen Zusammenlebens ein Interessenausgleich verstanden, durch den sich widersprechende Bedürfnisse von zwei oder mehreren Parteien mithilfe von Kommunikation und Strategie ausgeglichen werden sollen. Charakteristisch und als Abgrenzung gegenüber kriegerischer Intervention ist die Tatsache, dass mehrere Seiten von Beginn an bereit sind, Zugeständnisse zur Schaffung eines Kompromisses für den zumindest teilweisen Ausgleich ihrer Bedürfnisse einzugehen.«

»Alles reine Verhandlungssache!« Dieses Sprichwort kennt wohl jeder. Jeden Tag führen wir Verhandlungen – mit Kollegen, Mitarbeitern, Vorgesetzten, Kunden, Geschäftspartnern oder auch im privaten Bereich. Es geht um große Projekte und um kleine Vereinbarungen, um Gehaltsverhandlungen, Lieferkonditionen, Dreijahresverträge, wer den Müll rausträgt, um das Taschengeld für die Kinder oder um Verhandlungen mit sich selbst, genauer gesagt mit dem eigenen »inneren Schweinehund«.

Ohne sich darüber bewusst zu sein, verhandeln viele Menschen mehr als einmal pro Stunde (Lewicki, 1998). Diese intensive Verhandlungspraxis führt jedoch nicht, wie man denken könnte, automatisch zu ständig besseren Ergebnissen. In schätzungsweise weniger als zehn Prozent aller Verhandlungen wird das optimale Ergebnis erreicht. Täglich verschenken deutsche Unternehmen Geld und Ressourcen am Verhandlungstisch. Das gilt für Vertriebsmitarbeiter, Einkäufer und Verkäufer genauso wie für Marketingexperten und Führungskräfte. Eine konkrete Reflexion des eigenen Verhaltens in Verhandlungen ist selten. Fragen wie »Was war besonders erfolgreich?«, »Wo liegen meine Stärken?« und »Wo habe ich noch Verbesserungsmöglichkeiten?« werden viel zu selten gestellt.

Ganz selbstverständlich verwenden wir im Alltag Begriffe und Wortschöpfungen aus dem Verhandlungskontext, wie etwa:

- Verhandlungsgeschick, Verhandlungskunst: Verhandeln kann also nicht jeder?
- Verhandlungsmarathon: Ein Hinweis auf manchmal sehr zeitintensive Gespräche (oder besteht möglicherweise eine Ähnlichkeit mit der Ausschüttung von Endorphinen beim Laufen?)
- Verhandlungspoker: Geht es bei Verhandlungen auch um »bluffen«, also darum, nicht gleich alle Karten auf den Tisch zu legen?
- Verhandlungsjudo: Also doch eher Kampf und Verteidigung?
- …

Solche Begriffe finden sehr intensive Verwendung in unserer Alltagssprache, doch das konkrete Wissen über die Hintergründe und die Bedeutung dieser Begriffe ist oft wenig stark ausgeprägt. Demzufolge ist eine fachgerechte Anwendung in der Praxis nicht sichergestellt.

Erfolgreiche Verhandlungsführung im Verkauf bedeutet, im Sinne einer tragfähigen und langfristigen Geschäftsbeziehung, Gewinner-Gewinner-Ergebnisse (Win-win Ergebnisse) zu erzielen.

- Was genau bedeutet »erfolgreiche Verhandlung«?
- Wann ist eine Verhandlung erfolgreich?
- Wie wird der Erfolg einer Verhandlung gemessen?

Zur Beurteilung des Verhandlungserfolgs sind aus meiner Sicht drei Messgrößen geeignet:

- die Qualität des Ergebnisses (Effektivität),
- der benötigte Zeit- und Ressourcenaufwand, um das Ergebnis zu erzielen (Effizienz),
- die Stärkung der Beziehungsebene zum Verhandlungspartner.

Wichtig ist, dass das Gegenüber als Verhandlungspartner und nicht als Verhandlungsgegner betrachtet wird. Es geht darum, für beide Seiten tragfähige Ergebnisse und Abschlüsse zu erzielen und so die Grundlage zu schaffen für eine dauerhafte partnerschaftliche Geschäftsbeziehung. Eine erfolgreiche Verhandlung ist kein Zufallsergebnis, sondern in der Regel das Produkt einer professionellen Vorbereitung und besonderer Fähigkeiten. Das nennt man dann Verhandlungsgeschick.

Dieses Buch vermittelt Ihnen mit dem Vier-Phasen-Modell eine praxisnahe und konkret anwendbare Struktur, die sich bei Verhandlungen im Verkauf sehr gut bewährt hat.

Sie werden erfahren, wie Sie …

- Ihre Verhandlungen systematisch vorbereiten und durchführen,
- Verhandlungen aktiv steuern,

- mit dem Vier-Phasen-Modell Verhandlungen erfolgreich führen,
- unterschiedliche Verhandlungsstrategien erkennen,
- Signale erkennen und wie Sie darauf reagieren,
- mit Barrieren im Verhandlungsgespräch umgehen,
- mit unkooperativen oder aggressiven Verhandlungspartnern umgehen,
- die Ablehnungsquote der eigenen Vorschläge reduzieren,
- Zugeständnisse besser beurteilen und eine Win-win-Situation herbeiführen,
- Verhandlungsstrategien situationsgerecht umsetzen,
- mit Forderungskatalogen sicher und zielgerichtet arbeiten,
- schwierige Verhandlungssituationen erfolgreich meistern,
- unterschiedliche Verhandlungstaktiken anwenden,
- typische Verhandlungsfallen erkennen und darauf professionell reagieren,
- wirksam kommunizieren, um verbindliche Vereinbarungen zu erzielen.

Praxisnahe neue und bewährte Methoden und Werkzeuge für die Verhandlungsführung werden als sofort in Ihre Verhandlungspraxis umsetzbar beschrieben. Im zweiten Teil des Buchs finden Sie Ihren persönlichen Trainingslehrgang mit Übungen, um Ihre Erfahrungen aus der Praxis und Ihre Erkenntnisse aus der Umsetzung Ihrer neuen Fähigkeiten zu dokumentieren. Damit schaffen Sie die Voraussetzungen für noch bessere Verhandlungsergebnisse in der Zukunft. Dieses Buch ist aus der Praxis für die Praxis verfasst. Viele Beispiele aus langjähriger Verhandlungserfahrung in unterschiedlichen Branchen sind eingeflossen.

Zur besseren Lesbarkeit habe ich in diesem Buch teilweise auf geschlechtsspezifische Formulierungen verzichtet. Anreden, personenbezogene Ausdrücke und Formulierungen gelten jedoch selbstverständlich gleichermaßen in aller geschlechtsspezifischen Wertschätzung für Frauen und Männer.

Ich wünsche Ihnen jetzt viel Freude beim Lesen und Arbeiten mit Ihrem Buch »Erfolgreiche Verhandlungsführung im Verkauf«.

2. Verhandlungstypen

Grundsätzlich werden in der Verhandlungsliteratur zwei Grundtypen von Verhandlungen unterschieden: die distributive und die integrative Verhandlung.

2.1 Die Distributive Verhandlung

Das Kennzeichen der distributiven Verhandlung ist der singuläre Fokus auf einen Verhandlungsgegenstand und das damit verbundene Verteilungsproblem. Das typische Beispiel für eine distributive Verhandlung ist die Verhandlung über den Kaufpreis eines Produkts oder einer Dienstleistung. Die Interessenlagen der Verhandlungsparteien stehen sich meist konträr gegenüber. Es geht also um reine Verteilung. Beim Kauf einer »echten« Ledertasche im Urlaub in Italien geht es nur noch um den Kaufpreis, nachdem man sich für eine Tasche entschieden hat. Bei mehr oder weniger unterschiedlichen Positionen findet dann (meist) eine Einigung statt. Käufer und Verkäufer feilschen nur um die Höhe des Kaufpreises. Sie zahlen beispielsweise 599 Euro, 490 Euro oder vielleicht doch nur 290 Euro. Mal ehrlich, oft stellt sich dabei nachher ein eher schlechtes Gefühl ein. Bei distributiven Verhandlungen gibt es einen Gewinner und einen Verlierer. Wer kennt nicht das Gefühl, so, als hätte man sich über den Tisch ziehen lassen? Es kommt also darauf an, wie viel jeder von seiner Position abgibt. Da der eine das gewinnt, was der andere abgibt, spricht man auch von einem Nullsummenspiel. Geschicktes Verhandeln bedeutet in diesem Fall, den größeren Anteil vom Kuchen zu bekommen – auf Kosten des anderen.

Die Einigungsbereiche können dabei unterschiedlich groß sein (Abbildung 1). Möglicherweise sind die beiden Positionen oder Vorstellungen der Verhandlungspartner auch so weit voneinander entfernt, dass kein Überlappungsbereich existiert. Dann ist auch kein Ergebnis aus dieser Verhandlung zu erzielen. Natürlich ist das Verhandlungsergebnis auch davon abhängig, wie Sie sich selbst in einer distributiven Verhandlungssituation verhalten:

- Zeigen Sie Verständnis für die andere Position?
- Verhalten Sie sich kooperativ, oder geben Sie eher schnell klein bei?
- Wie gut gehen Sie auf die Bedürfnisse des Verhandlungspartners ein?
- Wie gut können Sie die Position des Verhandlungspartners mit Ihren eigenen Positionen verknüpfen?

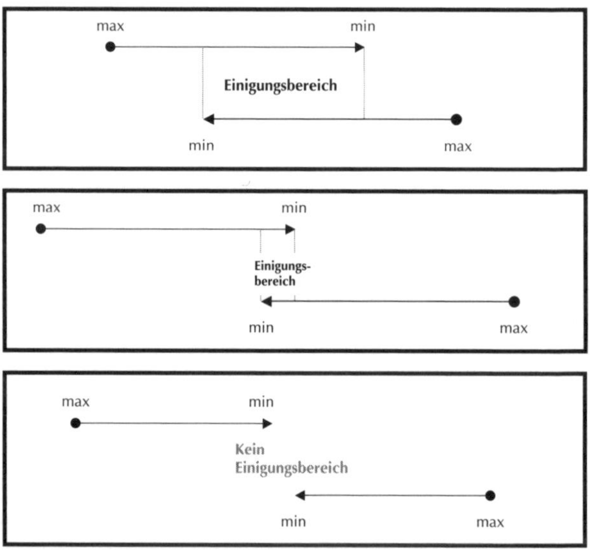

Abbildung 1

Ein Großteil der Verhandlungen im Verkauf läuft nach dem Schema der distributiven Verhandlung ab. Als Devise gilt: Bei der Eröffnung anspruchsvolle, aber nicht zu hohe Forderungen stellen, um den Verhandlungspartner nicht zu überfordern. Wird die Ausgangsforderung als offensichtlich überhöht enttarnt, verlieren Sie Ihre Glaubwürdigkeit, und Sie werden eher zu weiteren Zugeständnissen gedrängt. Greift man beim Eröffnungsangebot zu tief, ist der Gewinn schon zum Teil im Voraus verschenkt. Werden im Verlauf der Verhandlung plötzlich allzu schnell große Zugeständnisse gemacht oder erfolgen große Preissprünge, so geht das zulasten der eigenen Glaubwürdigkeit und Kompetenz. Eine in diesem Sinne fair geführte Verhandlung ist durchaus geeignet für den Aufbau einer tragfähigen Geschäftsbeziehung.

Eine wahre Fundgrube für distributive Verhandlungen sind immer wieder auch Filme. Eine besonders gut gelungene Szene zum Thema Feilschen auf einem orientalischen Bazar können Sie in »Das Leben des Brian« von Monty Python genießen.

2.2 Die integrative Verhandlung

Im Gegensatz zur distributiven Verhandlung gibt es bei der integrativen Verhandlung nur Gewinner. Sie werden vielleicht fragen: »Wie geht das?« Beide Parteien verlassen bei der integrativen Verhandlung den Weg des reinen Verteilens und bringen zusätzliche Werte, Extras oder Konditionen ein und vergrößern dadurch die Verhandlungsmasse (Abbildung 2). Aus meiner Erfahrung fällt es eher schwer zu glauben, es könne nur Gewinner bei einer Verhandlung geben. Möglicherweise liegt das an Hindernissen, die wir uns selbst in den Weg stellen:

- die Annahme, der »Kuchen«, der zu verteilen ist, sei begrenzt,

- unser vorschnelles Urteil über die eine mögliche, richtige Lösung,
- unser Wunsch, gewinnen zu wollen,
- die Idee, schon damit ausgelastet zu sein, die eigenen Interessen und Probleme zu lösen. Warum sollten wir jetzt auch noch die Probleme der anderen lösen?

Erste Voraussetzung sind also eine selbstkritische Betrachtung des eigenen Verhaltens und eine Überprüfung der eigenen Einstellung auf »Tauglichkeit« für integrative Verhandlung. Die Bereitschaft von gegenseitigem Geben und Nehmen muss vorhanden sein, um einen zuvor nicht offensichtlichen Mehrwert erzeugen zu können. Das erfordert viel Kreativität, Ideenreichtum und Verständnis für die Bedürfnisse der anderen Partei. Ein für Sie leicht zu investierendes Extra kann für Ihren Verhandlungspartner einen sehr großen Wert darstellen. Beispiele für solche Extras sind: Lieferkonditionen, Garantien, Serviceleistungen, Ratenzahlung, Risikoschutz, zeitliche Variablen, Fristen, Folgeverträge, Empfehlungen et cetera. Nehmen wir das Beispiel des Ledertaschenkaufs (siehe distributive Verhandlung): Hier könnte ein solcher Mehrwert zum Beispiel eine Fünfjahresgarantie auf alle Nähte, ein zusätzliches Lederpflegemittel oder ein Schlüsseltäschchen im passenden Design sein. Die Ergebnisse aus integrativen Verhandlungen haben für beide Seiten einen größeren Wert und halten in der Regel länger.

Integrative Verhandlungsführung: Der »Kuchen« ist nicht begrenzt.

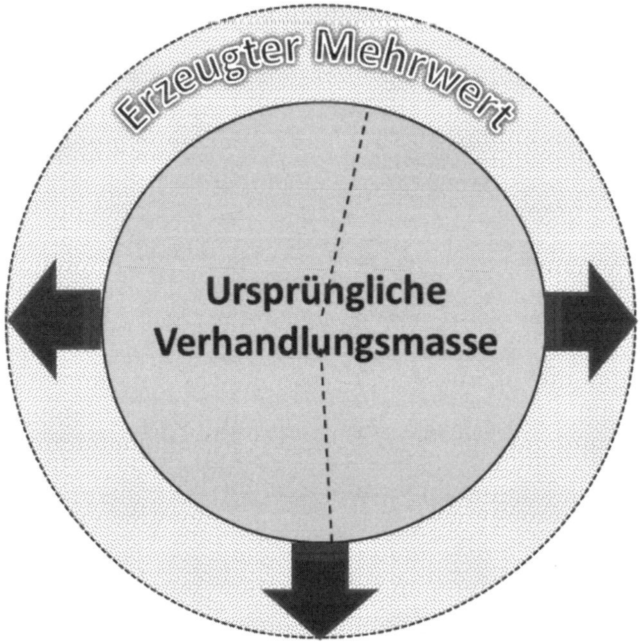

Abbildung 2

Erzeugen Sie einen Mehrwert durch die Vergrößerung des zu verteilenden »Kuchens«.

3.
Das Vier-Phasen-Modell

Das Vier-Phasen Modell für eine erfolgreiche Verhandlungsführung ist sowohl für den distributiven, wie auch für den integrativen Stil einsetzbar (Abbildung 3). Nach **Phase I**, einer intensiven Vorbereitung auf die Verhandlung und auf den Verhandlungspartner, geht es in **Phase II** um den richtigen Einstieg. In **Phase III** geht's dann zur Sache. Hier kommen die Verhandlungsfähigkeiten, das Verhandlungsgeschick, die kommunikativen Fähigkeiten und unterschiedliche Verhandlungstaktiken zum Einsatz. **Phase IV** beinhaltet die Themen Vereinbarungen und Zusammenfassung der Ergebnisse sowie die Ergebnisbewertung und die Reflexion sowohl des eigenen Verhaltens als auch das des Verhandlungspartners. Abhängig von der Bedeutung der Verhandlung werden die einzelnen Phasen mehr oder weniger stark ausgeprägt sein oder mehr oder weniger lang dauern. Die allgemeine Vier-Phasen-Struktur und der grundsätzliche Ablauf finden sich jedoch in jeder Verhandlung wieder. Von Teilnehmern meiner Trainings kommt häufig der Kommentar: »... meine Verhandlungen sind alle gleich, das ist reine Routine.« Mit dieser Einstellung riskieren Sie es möglicherweise, in die »Routinefalle« zu tappen. Jede Verhandlung ist aus meiner Sicht anders. Die Karten werden jedes Mal neu gemischt. Die »bekannten« Verhandlungspartner und auch Sie selbst haben möglicherweise veränderte Ziele, andere Prioritäten im Vergleich zu vergangenen Verhandlungen. Auch bei Kunden, die Sie schon lange kennen, können sich Entscheidungsstrukturen, Mitarbeiterkonstellationen und Verantwortlichkeiten verändert haben.

Im Gegensatz zu einer intuitiv geführten Verhandlung kann Ihnen die Struktur des **Vier-Phasen-Modells** Sicherheit vermitteln, und Sie können sich in der Verhandlungssituation wesentlich intensiver auf Inhalte und auf Ihre Verhandlungspartner konzentrieren und so bessere Ergebnisse erzielen.

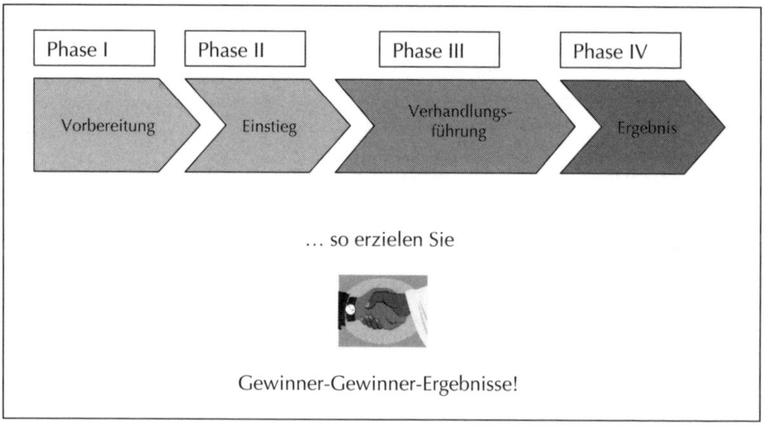

Abbildung 3

3.1 Phase I: Vorbereitung

Kennst du deinen Gegner und dich selbst, so brauchst du hundert Schlachten nicht zu fürchten. Kennst du dich, aber nicht den Gegner, so wirst du für jeden errungenen Sieg eine Niederlage erleiden. Kennst du weder den Gegner noch dich selbst, dann verlierst du jede Schlacht.

(Sun Tze, 490 v. Chr.)

3.1.1 Verhandlungsvorbereitung: Ziele und Erwartungen

Solange Sie mit inhaltlichen oder organisatorischen Dingen beschäftigt sind, können Sie sich nicht im erforderlichen Maße auf Ihr Gegenüber konzentrieren. Je besser Sie vorbereitet sind, desto eher wird Sie das Verhandlungsglück treffen. Eine professionelle Vorbereitung wird von Ihrem Verhandlungspartner als Wertschätzung gegenüber seiner Person und Firma wahrgenommen. Sie werden weniger Überraschungen erleben und ein besseres Ergebnis erzielen. Das ist mehr, als sich nur auf halbem Weg zu treffen oder sich auf die »Mitte« zu einigen. Eine schlechte oder fehlende Vorbereitung kann durchaus als Missachtung oder Geringschätzung empfunden oder sogar als Inkompetenz wahrgenommen werden. Ich kenne Beispiele aus der Praxis, in denen ein Verhandlungspartner seinen, auf die Verhandlungssituation schlecht vorbereiteten, Lieferanten nach kurzer Gesprächsdauer wieder nach Hause geschickt hat. Eine harte und aus meiner Sicht richtige, konsequente Entscheidung, denn Zeit ist eine wertvolle Ressource. In diesem Fall hat der Mitbewerber trotz vermeintlich schlechterem Angebot das Geschäft abgeschlossen. Mit einer professionellen Vorbereitung legen Sie den Grundstein für Ihren Erfolg in der Verhandlung. In einigen Fällen wird sie den Erfolg überhaupt erst ermöglichen. Mit Vorbereitung ist hier nicht gemeint, sich bei der Autofahrt zum Geschäftspartner lediglich zu überlegen: »Na, welche Ziele verfolge ich denn heute?« Die Intensität und die Ausführlichkeit Ihrer Vorbereitung sollten Sie auf die jeweilige Verhandlungssituation anpassen. Bei einem Neukunden, der einen Großauftrag über Ihr gesamtes Produktsortiment abschließen will, werden Sie sich sicherlich intensiver vorbereiten als bei einer Nachverhandlung über Lieferkonditionen für einen Kleinauftrag.

Aus langjähriger Erfahrung weiß ich, dass Sie allein durch die Tatsache, gut vorbereitet in Ihre Verhandlungen zu gehen, einen sehr großen Vorteil gegenüber vielen Ihrer Kollegen und Kolleginnen haben werden. In meiner Trainings- und Coachingpraxis erlebe ich es immer wieder, dass selbst bei schwierigen Jahresgesprächen zu ein- oder mehrjährigen Lieferverträgen mit sehr hohen Auftragssummen eine kurze gedankliche Reflexion über die bevorstehende Verhandlung als ausreichend für die Vorbereitung gesehen wird: »Das oder den kenne ich schon, das läuft immer gleich ab …« Routine also. Am Ende wundert man sich, wieder fünf Prozent mehr Rabatt zugestanden zu haben: »Ich konnte nicht anders. Der hat damit gedroht, zum Mitbewerber zu gehen.« Zumindest für sich selbst ist dann eine gute Ausrede gefunden, und die Anfangsannahme – dass man sich nicht groß vorbereiten müsse – erfährt eine weitere Bestätigung. Die professionelle (schriftliche!) Vorbereitung erzeugt Sicherheit. Sie können selbstbewusst in der Verhandlungssituation agieren und gut vorbereitet flexibel auf Vorschläge des Verhandlungspartners oder veränderte Situationen eingehen. Die in Abbildung 4 dargestellte Verhandlungscheckliste bietet Ihnen einen Vorschlag zur professionellen schriftlichen Vorbereitung.

Checkliste Verhandlungsvorbereitung *(Abbildung 4)*

Firma:

Ansprechpartner/Funktion:

Termin/Uhrzeit:

Verhandlungsthemen
1.
2.
3.

Forderungskatalog	Limits

Zusatzwünsche	Zugeständnisse

Anmerkungen/Fragen:

Bei der Verhandlungsvorbereitung (Ausfüllen der Checkliste) stellen Sie sich bitte folgende Fragen:

Um was geht es?
Die **Verhandlungsthemen** sind die Punkte, die verhandelt werden, also das, worum es in der Verhandlung geht: Kauf oder Verkauf der Produkte, die Dienstleistung laut Angebot, Lieferkonditionen, Erst- oder Folgeauftrag et cetera. Sie können hier auch mehrere Punkte formulieren – ein erster sehr wichtiger Schritt, sich den Verhandlungsgegenstand explizit bewusst zu machen.

Was ist das Maximum, das Sie erzielen möchten?
Im Feld **Forderungskatalog** sind Ihre maximalen Forderungen formuliert. Also das, was Sie idealerweise erreichen wollen oder können. Denken Sie dabei in großem Maßstab, denn je mehr Sie fordern, desto mehr können Sie erhalten. Wie realistisch Ihre Einschätzung ist, hängt einerseits davon ab, wie die Voraussetzungen beim Verhandlungspartner aussehen und wie gut Sie diese Rahmenbedingungen schon im Vorfeld kennen, andererseits von der Strategie, die Sie wählen. Wenn Sie mehrere Aspekte formuliert haben, führen Sie anschließend noch eine Priorisierung der einzelnen Punkte durch. Sehr hilfreich hat sich die Festlegung auf ein Subziel erwiesen. Ein Subziel ist ein Ziel, welches Sie erreichen wollen, wenn das eigentliche Ziel (Ihr Maximalziel), aus welchen Gründen auch immer, in der konkreten Verhandlungssituation nicht mehr realistisch erreichbar erscheint. Das Subziel ist ein aus der Verhandlungssituation erzieltes Ergebnis und sollte in der Ausprägung so gewählt sein, dass Sie damit immer noch sehr zufrieden sein können. Psychologisch gesehen wirkt dieses Subziel wie ein Sicherheitsnetz, ein Verhandlungsergebnis, auf das Sie sich mit gutem Gewissen zurückziehen können. Das so genannte beste alternative Verhandlungsergebnis (BATNA: **b**est **a**lternative **t**o **n**egotiated **a**greement: Roger Fisher, William Ury). In der konkreten Verhandlungssituation herrschen Stress und emotionaler Druck. Wenn Sie nachgeben müssen, ist es besser,

sich auf ein vorher schriftlich formuliertes Subziel zurückziehen zu können, als in dieser Situation erst zu überlegen, was Ihre Alternative sein könnte. Dadurch erlangen Sie mehr Sicherheit in Ihrem Auftreten und stärken ganz erheblich Ihre Verhandlungsposition.

Bis wohin können Sie gehen?
Limits sind einerseits die Forderungen und Bedingungen, die aus Ihrer Sicht erreicht werden müssen, das Minimalergebnis oder ein Ergebnis, das in jedem Fall zu vermeiden ist, da Sie sonst möglicherweise wirtschaftliche Nachteile in Kauf nehmen müssten oder Ihr Image gefährdet wäre. Also der Punkt, bei dem sich das Geschäft, die Vereinbarung, für Sie in keiner Weise weder kurzfristig noch mittelfristig noch langfristig lohnt. Das absolute Limit, eine klare Grenze, die Sie nicht überschreiten. Konkret bedeutet das: Sie sollten bei einem möglichen Abschluss unterhalb ihres Limits aus der Verhandlung aussteigen. Mit dieser konkreten Option, aus der Verhandlung auch komplett auszusteigen, wenn das Limit über- oder unterschritten ist, haben Sie gerade bei Verhandlungen mit vermeintlich mächtigeren Verhandlungspartnern eine stark verbesserte Position.

Womit oder wodurch können Sie einen Zusatznutzen für sich generieren?
Zusatzwünsche sind Extras, Zusatzbedingungen, die eine großen Wert für Sie darstellen, nicht notwendigerweise auch für den Verhandlungspartner. Beispielsweise aktive Empfehlungen an andere Geschäftspartner, Garantieverlängerungen, Zusatzaufträge, Mengenerweiterungen, Mehrjahresverträge, Zahlungsfristen, Valuta et cetera.

Was können Sie guten Gewissens hergeben?
Zugeständnisse schließlich sind Aspekte, die für Sie verzichtbar sind, möglicherweise für den Verhandlungspartner aber einen großen Nutzen darstellen, beispielsweise die Übernahme von

Veranstaltungs- oder Reiseorganisation, Zahlungsziele, Garantieverlängerung, Bonussysteme, Treuerabatt, Produktschulungen für Mitarbeiter oder Kunden et cetera. Denken Sie daran, Ihre Zugeständnisse in kleine Portionen aufzuteilen! Ein Zahlungsziel nicht gleich im ersten Schritt auf 90 Tage verlängern, sondern erst einmal bei 15 Tagen anfangen, dann 30, 60 Tage! Warum muss Skonto immer zwei Prozent oder drei Prozent sein? Warum nicht mal 1,3 Prozent?

Im optimalen Fall erstellen Sie diese Checkliste für sich selbst und ein zusätzliches Vorbereitungsformular aus der Sicht Ihres Verhandlungspartners. Wichtig ist aus meiner Sicht in jedem Fall die schriftliche Vorbereitung.

Weitere Punkte, die zur professionellen Vorbereitung auf eine Verhandlung zu beachten sind:

- Vorbereitung der benötigten Unterlagen, Präsentationen, Belege et cetera,
- An- und Abreisemodalitäten, Zeitplanung,
- Position und Anzahl der Ansprechpartner (Vor- und Nachname, Titel),
- Geschäftsbeziehungen des Verhandlungspartners,
- Entscheidungsträger im Unternehmen,
- Historie der Geschäftsbeziehung,
- Motive, Visionen, Ziele des Verhandlungspartners,
- Strategie (siehe Punkt 3.1.2.),
- Einstiegsszenario (wer beginnt?),
- Sitzposition (siehe Punkt 3.1.3.),
- **Ausstiegsszenario. Ziehen Sie auch ein mögliches Scheitern in Betracht!**

Nutzen Sie zur Vorbereitung alle Ihnen zur Verfügung stehende Medien, zum Beispiel:

- persönliche Aufzeichnungen, Karteikarten,
- CRM-System, Kundendatenbank,
- Firmenbroschüren,
- Internet (Webseite des Unternehmens, Google-Suche, Pressemitteilungen),
- Social Media (Xing, Facebook, LinkedIn, Twitter et cetera),
- Presse (regionale Tageszeitung und Fachpresse),
- Kollegen,
- Geschäftspartner,
- Lieferanten,
- …

3.1.2 Welche Strategie?

Es gibt kein höheres und einfacheres Gesetz für die Strategie, als seine Kräfte zusammenzuhalten.
(Carl von Clausewitz)

Nun haben Sie sich auf die Inhalte, die Wünsche sowie Zugeständnisse und Bedürfnisse intensiv vorbereitet. Jetzt stellt sich natürlich noch die Frage nach der Strategie:

- Welche wählen Sie?
- Was ist überhaupt eine Strategie?

Die Strategie in einer Verhandlung bezeichnet bildlich formuliert den Rahmen Ihrer Handlungen und Verhaltensweisen zur Erreichung der Ziele ausgehend von der Istsituation. Die konkrete Umsetzung der Strategie in Kommunikation, Verhalten oder Anwendung von Methoden heißt Taktik (Abbildung 5). Auf dem Weg zu Ihrem Ziel können Ihre Handlungen, Aktionen, Verhaltensweisen durchaus kurzfristig in unterschiedliche Richtungen gehen. Das ergibt sich vielfach aus der Interaktion mit Ihrem Verhandlungspartner. Um zum Beispiel ein strategisch angestrebtes

Gewinner-Gewinner-Ergebnis zu erreichen, kann es durchaus sinnvoll sein, auf dem Weg dorthin kurzfristig eine drohende oder eine nicht kooperative Haltung einzunehmen. Sie wählen also aus taktischen Gründen ein Verhalten, das der gewählten Strategie anscheinend widerspricht, ohne jedoch dabei das Ziel aus den Augen zu verlieren.

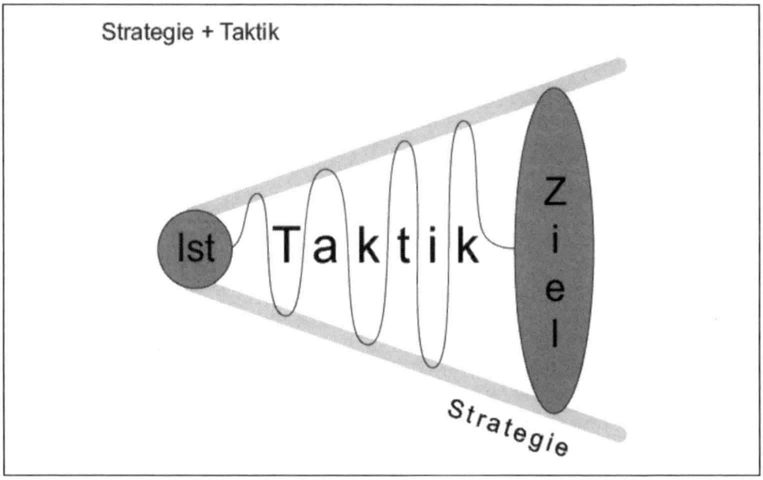

Abbildung 5

In der Verhandlungsliteratur werden fünf unterschiedliche Strategien beschrieben, die auch als Verhandlungspositionen bezeichnet werden (Abbildung 6). Die Positionen werden jeweils durch die unterschiedlich hohe Ausprägung des Interesses an der Beziehung und am Ergebnis bestimmt. Sie entscheiden sich für eine kooperative oder nichtkooperative Vorgehensweise und planen, fordernd oder ausweichend vorzugehen. Nur bei der Entscheidung für die Strategie »Zusammenarbeit« (kooperatives und forderndes Verhalten) werden Sie ein Gewinner-Gewinner-Ergebnis erzielen können. Eine weitere Möglichkeit ist die strategische Entscheidung für einen Kompromiss, bei dem jeder etwas abgibt und jeder etwas gewinnt. Das Machbare wird erreicht. Oft werden dadurch sehr langwierige Verhandlungen abgekürzt. Vorsicht aber vor vorschnellen, vielleicht aus Mutlosigkeit geschlossenen Kompromissen. Daraus resultiert oft ein »fauler Kompromiss«. Wichtig für Sie ist, Ihre eigene Verhandlungsposition zu kennen.

Ein Kompromiss ist nur dann gerecht,
brauchbar und dauerhaft, wenn beide Parteien
damit gleich unzufrieden sind.
(Henry Kissinger)

Entscheidend für den Erfolg in einer Verhandlung ist es jedoch nicht, wie gut Sie es schaffen, auf Ihrer Position zu beharren, sondern wie flexibel Sie sich auf die unterschiedlichen Anforderungen und auf die Position des Verhandlungspartners einstellen können.

Verhandlungspositionen (nach Thomas/Kilman, 1974):

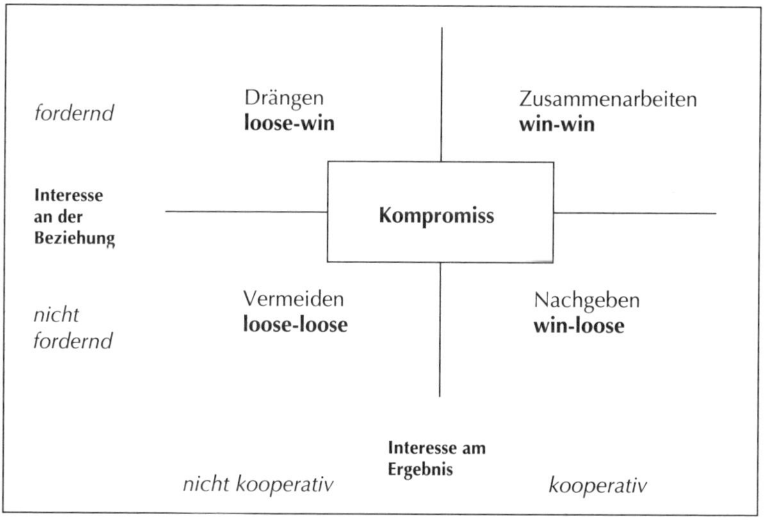

Abbildung 6

Was zeichnet diese unterschiedlichen Verhandlungspositionen oder Strategien aus?

Vermeiden:

- Kein Aspekt ist wirklich wichtig für Sie.
- Selbst die Verhandlung verbraucht nur Ressourcen.
- Die eigene Position ist zu schwach.
- Der Glaube an die eigenen Fähigkeiten ist zu schwach.
- Mutlosigkeit und Vermeidung von Verhandlungen.
- Bewusst eingesetzte Strategie, um heikle Themen auf später zu verschieben (Aikido-Strategie).
- Durch das passive Verhalten kann der Verhandlungspartner verärgert werden.

Nachgeben:

- Nicht fordernd bezüglich des Ergebnisses. Kooperatives Verhalten auf der Beziehungsebene.
- Formulieren Sie den Verzicht Ihrer Forderungen oder von Teilen Ihrer Forderungen klar und deutlich.
- Sie sind tatsächlich überzeugt von den Argumenten des Verhandlungspartners.
- Sie wollen die andere Seite zufrieden stellen, um möglicherweise mittel- oder langfristig andere Ziele zu erreichen.
- Vermeidung von Feindseligkeiten und Streit.
- Kurzfristiger Verlust wird in Kauf genommen, um die Chance für einen langfristigen Nutzen zu erhalten.
- Vorsicht: Dieses Verhalten kann auch als Gutmütigkeit und Großzügigkeit interpretiert werden. Es besteht die Gefahr, dass Ihr Verhandlungspartner das ausnutzt.

Drängen:

- Maximaler eigener Gewinn wird angestrebt (»gewinnen um jeden Preis«).
- Macht ausüben, dominierendes Verhalten.

- Keine langfristige Geschäftsbeziehung wird angestrebt, möglicherweise nur eine einmalige Verhandlungssituation.
- Pochen auf eigenen Positionen (recht haben wollen).
- Starke Argumentationskraft, extrem hohe Forderungen.
- Nur die eigenen Ziele sind wichtig.
- Persönliche Probleme werden negiert.
- Sitzposition gegenüber: konfrontativ.
- Möglicherweise erzielen Sie nur einen kurzfristigen Erfolg.

Kompromiss:

- Eine schnelle Entscheidung wird angestrebt (»quick and dirty«).
- Ressourcenschonende Verhandlungsführung.
- Die Beziehungsebene bleibt ungestört.
- Beide Seiten erreichen weniger als geplant.
- Oft das Ergebnis bei Verhandlungen, weil alles andere nicht funktioniert hat.

Zusammenarbeiten:

- Langfristige, vertrauensvolle Kundenbeziehung.
- Beide Verhandlungspartner müssen diese kooperative, offene Haltung zeigen.
- Ein Gewinner-Gewinner-Ergebnis wird erzielt.
- Gegenseitiges Interesse an den Bedürfnissen und Zielen des jeweiligen Verhandlungspartners.
- Schwachpunkte und persönliche Probleme können offen diskutiert werden.
- Gemeinsame Interessen und Ziele werden hervorgehoben.
- Mehrwert wird erzeugt.
- Gemeinsames Suchen nach Lösungen.
- Zeitaufwendig. Konfrontation ist einfach, Konsens ist Schwerstarbeit.

Ein Sonderfall einer kooperativen Verhandlungsstrategie ist die Strategie: **Tit for Tat**. Übersetzt ins Deutsche bedeutet es in etwa so viel wie »Wie du mir, so ich dir« oder »Aug um Aug, Zahn um Zahn«. Die Strategie »Tit for Tat« ist durch Robert Axelrods Buch »Die Evolution der Kooperation« (1984) bekannt geworden.

Die Regel klingt ganz einfach:

Starte mit der Kooperation und handle danach genauso, wie der andere handelt.

Zusätzlich gilt:

- Nie die Kooperation von sich aus beenden!
- Sei wachsam und schlage sofort zurück, wenn der andere nicht kooperiert!
- Danach starte wieder mit der Kooperation!
- Berechenbar sein, keine Tricks!

Die wissenschaftliche Betrachtung kooperativer (und nicht-kooperativer) Verhandlungsstrategien erfolgt im Forschungsbereich der Spieltheorie (Andreas Diekmann: »Spieltheorie: Einführung, Beispiele, Experimente.« Rowohlts Enzyklopädie, Reinbek bei Hamburg 2009).

»Man kann die Spieltheorie sehr kompliziert oder schlicht zusammenfassen. Eine Möglichkeit: Die Spieltheorie erklärt Situationen, in denen das Ergebnis für alle Teilnehmer von den Entscheidungen der anderen abhängt. Oder: Die Spieltheorie ist die Theorie ökonomischen Verhaltens für strategische Entscheidungssituationen, so genannte Spiele. John Nash lieferte eine einleuchtende Beschreibung – am Beispiel eines Elfmeters. Dabei hat der Elfmeterschütze drei Möglichkeiten: nach links, nach rechts oder in die Mitte schießen. Genauso der Torwart: nach links springen, nach rechts springen oder stehen bleiben. Diese Situationen, in denen sich beide Spieler gleichzeitig entscheiden müssen und ihr Erfolg auch von der Entscheidung des anderen abhängt, analysiert die Spieltheorie mit komplexen mathematischen Modellen.« (SPIEGEL ONLINE)

Die Frage nach dem optimalen und dem gerechten Ergebnis als Resultat der Verhandlungspositionen oder Verhandlungsstrategien lässt sich damit jedoch nicht klar beantworten.

Das optimale Verhandlungsergebnis ist nicht automatisch auch das gerechteste Ergebnis. Das klassische Beispiel dafür ist das Gefangenendilemma: »Nach einem gemeinsam begangenen Raubüberfall werden die Täter von der Polizei gefasst und einzeln verhört. Beide werden vor die gleiche Entscheidung gestellt: gestehen oder bestreiten. Streiten beide die Anklage ab, dann kommen sie aufgrund der schwachen Beweislage nur für ein Jahr ins Gefängnis (win-win). Gestehen sie beide, dann werden daraus sichere drei Jahre (loose-loose). So weit fällt die Entscheidung leicht: Natürlich werden beide schweigen. Das hat sich der Kriminalbeamte auch schon ausgerechnet und deshalb mit dem Untersuchungsrichter einen Deal vereinbart. Wenn einer der beiden gegen den anderen aussagt (und der andere schweigt), dann kommt der eine als Kronzeuge sofort frei und der andere sechs Jahre hinter Gitter. (loose-win und win-loose). Die Versuchung ist groß. So groß, dass beide Gefangene schließlich aussagen und zu drei Jahren Haft verurteilt werden. Aus der Sicht jedes einzelnen Angeklagten ist eine Aussage nämlich immer besser als keine – egal, was der andere tut. Schweigt der andere, dann lockt der Freispruch; redet er, dann lautet das Urteil drei statt sechs Jahre Knast. Also reden beide, denn sie stehen natürlich unabhängig voneinander vor derselben Wahl, mit denselben Anreizen. Natürlich wäre es für beide besser gewesen, wenn sie sich vorher zum Schweigen verpflichtet hätten, aber wie?« (aus Raymond Saner: Verhandlungstechnik)

Douglas R. Hofstadter formuliert folgende Variante – auf Verhandlungen im Geschäftsumfeld ist das sicher besser übertragbar: »Angenommen, Sie besitzen große Mengen irgendeines Gutes (Geld zum Beispiel) und möchten dafür eine bestimmte Menge eines anderen Gutes (Briefmarken, Lebensmittel, Diamanten) erwerben. Also arrangieren Sie mit dem einzigen Händler für dieses Gut, den Sie kennen, ein für beide Seiten befriedigendes Tauschgeschäft. Aus irgendeinem Grund muss der Tauschhandel jedoch im Geheimen stattfinden. Sie kommen überein, dass jeder von Ihnen einen Sack an einem vereinbarten Ort im Wald deponiert und den Sack des anderen an dessen Versteck abholt. Ihnen beiden ist auch klar, dass sie sich nie begegnen und keine weiteren Geschäfte miteinander machen werden. Unter diesen Umständen muss jeder von Ihnen natürlich befürchten, dass der andere einen leeren Sack dalässt. Keine Frage: Wenn sie beide volle Säcke deponieren, wird jeder zufrieden gestellt; aber ebenso selbstverständlich wird der noch mehr zufrieden gestellt, der seinen Teil umsonst erhält. Die Versuchung, einen leeren Sack zu hinterlassen, ist daher groß. Ja, man kann sogar scheinbar zwingend so argumentieren: »Wenn der Händler einen vollen Sack bringt, ich aber einen leeren abgestellt habe, bin ich fein raus; denn dann kriege ich das, was ich wollte, umsonst. Aber auch wenn der Händler einen leeren Sack zurücklässt, war es besser, auch einen leeren Sack deponiert zu haben; denn dann bin ich wenigstens nicht übers Ohr gehauen worden. Ich habe zwar nichts bekommen, aber auch nichts verloren. Wie es aussieht, bin ich mit einem leeren Sack in jedem Fall also besser dran, egal, wozu sich der Händler entschließt. Folglich deponiere ich einen leeren Sack.«

»Fatale Logik: Der Händler, der ja mehr oder weniger im gleichen Boot sitzt (wenn auch am anderen Ende), hat sich mittlerweile dasselbe überlegt. Auch er ist zu dem Schluss gekommen, am besten nichts in den Sack zu tun. Und so deponieren beide aufgrund Ihrer (scheinbar) unfehlbaren Logik einen leeren Sack –

und gehen beide leer aus. Traurig, traurig: Denn wenn Sie kooperiert hätten, hätten Sie beide bekommen, was Sie wollten.«

»Schließt Logik kooperatives Verhalten aus? Angenommen, sowohl Sie als auch Ihr Händler sind sehr daran interessiert, mit dem, was der andere anzubieten hat, regelmäßig beliefert zu werden. Vor der ersten Transaktion verabreden Sie also, auf Lebenszeit einmal pro Monat einen Tausch durchzuführen. Auch diesmal rechnen Sie nicht damit, den anderen je zu Gesicht zu bekommen. Ja, keiner von Ihnen hat die leiseste Ahnung, wie alt der andere ist. Also wissen Sie auch nicht, wie lange Ihre lebenslange Übereinkunft dauern mag. Immerhin können Sie davon ausgehen, dass sie wenigstens ein paar Monate, wahrscheinlich aber einige Jahre Bestand hat. Was machen Sie diesmal beim ersten Tausch? Einen leeren Sack zu deponieren, wäre eine ausgesprochen fiese Art, eine Beziehung anzuknüpfen, und wohl kaum geeignet, eine Vertrauensbasis zu schaffen. Angenommen, Sie bringen einen vollen Sack, und der Händler tut das Gleiche. Alles ist eitel Freude – einen Monat lang. Dann beginnt das Spielchen von vorn: leerer oder voller Sack? Jeden Monat müssen Sie neu entscheiden, ob Sie ›mogeln‹ (einen leeren Sack bringen) oder ›kooperieren‹ (einen vollen Sack hinterlassen).«

Die Chancen, durch die Anwendung der Strategie »Tit for Tat« auf lange Sicht positive Ergebnisse zu erzielen, sind größer als bei anderen Strategien. Die Risiken, Verluste zu erleiden, sind deutlich geringer. Kurzfristig müssen Sie möglicherweise einen Verlust in Kauf nehmen.

Für die wissenschaftlichen Erklärungsmodelle zu diesen kooperativen Verhandlungsstrategien wurde dem amerikanischen Mathematiker John Forbes Nash 1994 der Nobelpreis für Wirtschaftswissenschaften verliehen. Seine Lebensgeschichte ist mit dem vielfach prämierten Film (vier Oscars im Jahre 2002) von Ron Howard »A beautiful mind – Genie und Wahnsinn« mit

Russell Crowe in der Hauptrolle ein Denkmal gesetzt worden. Nicht nur aus der Perspektive der Verhandlungsführung ein sehr lohnender Film.

3.1.3 Sitzposition

Die Sitzposition ist oft ein Ausdruck der gewählten Strategie. Eine konfrontative Sitzposition, gegenüber, rechteckiger Tisch, deutet eher auf eine nichtkooperative Haltung hin. Runder Tisch, nebeneinander, oder eckiger Tisch, im 90-Grad-Winkel sitzend, begünstigt eher die kooperativen Strategien. Finden die Verhandlungen beim Verhandlungspartner statt, sollten Sie immer die lokalen Gegebenheiten berücksichtigen, wie zum Beispiel Stammplätze oder eine vorgegebene Sitzordnung. Bei jeder Sitzordnung gibt es eine ungeschriebene Rollenverteilung: Der Vorsitzende sitzt immer am Kopfende eines rechteckigen oder ovalen Tischs. Einzige Ausnahme: Eine Präsentation ist Bestandteil der Sitzung. Dann nimmt derjenige dort Platz, der auch präsentiert. Bei der klassischen Bürosituation sitzen Sie Ihrem Verhandlungspartner an dessen Schreibtisch gegenüber. Um von vornherein das klassische Rollenverständnis Vorgesetzter – Untergebener auszuschließen, sollten Sie Ihren Stuhl auf die gleiche Höhe bringen und sich ein wenig seitlich zum Schreibtisch setzen. Bei einem Gespräch unter vier Augen ist eine Über-Eck-Position günstig. So können Unterlagen problemlos eingesehen und ausgetauscht werden. Bei einem runden Tisch setzen Sie sich nebeneinander. Gegebenenfalls können Sie auch etwas zur Seite rutschen. Die Über-Eck-Position ist auch bei drei Verhandlungspartnern die günstigste Position. Handelt es sich dabei um einen klassischen Konferenztisch mit großen Abständen zwischen den einzelnen Stühlen, können Sie auch etwas näher zusammenrücken. Wenn Sie zu zweit sind, nehmen Sie am seitlichen Ende des Tischs Platz. Der Gesprächspartner kann dann am Kopfende sitzen. Sind noch weitere Gesprächsteilnehmer anwesend, können diese nebeneinander, gegenüber von Ihnen, Platz nehmen. Seite an Seite ist eine sehr anstrengende Sitzposition in Verhandlungen, da Sie ständig den Kopf drehen müssen, um die Körpersprache Ihres Gegenübers prüfen oder Ihren Verhandlungspartner anschauen zu können. Wählt ein Gesprächspartner bewusst diese Position, kann es sein, dass er es Ihnen ungemütlich machen will.

Neben der Sitzposition sind auch die Sitzhaltung und Ihr gesamtes Auftreten von entscheidender Bedeutung für Ihre Wirkung und Ihre wahrgenommene Kompetenz. Achten Sie auf Ihre Körpersprache (zum Beispiel fester Stand, aufrechtes Sitzen mit beiden Beinen auf dem Boden, Kopfhaltung gerade, gesamte Sitzfläche benutzen) und Ihre Stimme (zum Beispiel angepasste Lautstärke, eher langsame Sprechgeschwindigkeit, eher tiefe Tonlage, Stimmmodulation, deutliche und klare Aussprache). Die Körpersprache ist immer ein Prozess, nie eine Momentaufnahme.

3.2 Phase II: Einstieg

Als wieder einmal ein Jahresgespräch bei einem großen Filialisten (Kleintierbedarf) auf dem Plan stand, wurden wir (wie bei diesen Kunden üblich) in den Besprechungsraum geführt. Zu unserer großen Verwunderung standen auf den Tischen, am Boden, überall im Raum verteilt gespannte Mausefallen. Ja, sie haben richtig gelesen! Augen und Mund noch offen, eröffnete uns der Einkäufer: »Das sind alles Fallen und Fettnäpfe, in die Sie bei unserer Verhandlung tappen können.« (Beispiel eines Coachingklienten). Ein starker Auftritt, oder?

Dieses Beispiel macht auf sehr eindrückliche Art und Weise deutlich, wie bedeutsam der Einstieg in die Verhandlung ist. Er setzt den Rahmen, Machtverhältnisse werden klar gemacht, Aussagen über die Beziehungsebene werden getroffen, und damit wird der weitere Verlauf stark beeinflusst. Wie wir in die Verhandlungsgespräche einsteigen, hat einen starken Einfluss auf unsere Emotionen und die der Gegenseite. Durch den positiven oder negativen emotionalen Zustand der Verhandlungspartner kann das Verhandlungsergebnis in die eine oder andere Richtung entsprechend beeinflusst werden.

Für unsere Wahrnehmung und damit auch für unsere Wirkung auf andere ist zu 55 Prozent die Körpersprache verantwortlich, 38 Prozent macht die Stimme aus (Tonlage, Sprechgeschwindigkeit, Stimmmodulation, Sprechpausen, Sprachmelodie), für den Inhalt bleiben sieben Prozent (Albert Mehrabian, 1967).

Kommunikation findet auf zwei Ebenen statt: auf der Sachebene und auf der Beziehungsebene. Die Bedeutung der Ebenen der Kommunikation wird durch das Eisberg-Modell (Abbildung 7) beschrieben (Sigmund Freud). Dem Modell liegt das Prinzip zugrunde, dass wie auch bei einem Eisberg nur ein kleiner Teil (etwa 20 Prozent) sichtbar ist, während der wesentlich größere Teil (etwa 80 Prozent) unter der Wasseroberfläche verborgen ist (vgl. Pareto-Prinzip, Vilfredo Pareto). In Bezug auf unsere Kommunikationsprozesse bedeutet dies, dass nur ein kleiner Teil einer Aussage direkt wahrnehmbar ist, nämlich die Informationen, die über die Sachebene kommuniziert werden. Die vielfältigen Informationen, die über die Beziehungsebene übertragen werden, ergänzen diese jedoch und beeinflussen den Inhalt der Botschaft wesentlich. Die Sachebene (»Was?«) wird durch den sichtbaren, kleineren Teil des Eisbergs repräsentiert und meist in verbaler Form übertragen (explizite Botschaft). Auf der Sachebene finden sich die Aussagen zum Inhalt der Kommunikation als Zahlen, Daten, Fakten. Der Beziehungsebene sind die Botschaften zugeordnet, die Gefühle, Stimmungen und Emotionen transportieren. Häufig wird auf der Beziehungsebene durch Gestik, Mimik oder Tonfall kommuniziert (implizite Botschaft). Dem nicht sichtbaren Teil des Eisbergs wird die Beziehungsebene im Kommunikationsprozess zugeordnet (»Wie?«). Störungen und Unstimmigkeiten auf der Beziehungsebene wirken sich auch auf der Sachebene aus. Berücksichtigt man zusätzlich, dass Entscheidungen vorwiegend auf der Basis der Beziehungsebene getroffen werden, wird die enorme Bedeutung dieser oft als »weiche Faktoren« bezeichneten Punkte klar (vgl. auch »Das Kommunikationsquadrat: Die vier Seiten einer Botschaft« von Friedemann Schulz von Thun).

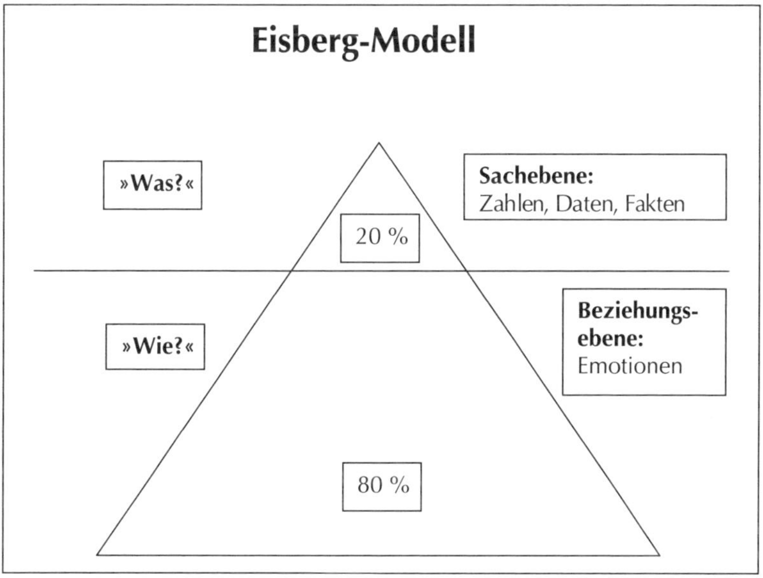

Abbildung 7

Ein professioneller Smalltalk ist gut dazu geeignet, das Eis zu brechen, und Sie können sehr viel über Ihren Verhandlungspartner erfahren. Geeignet sind aktuelle Ereignisse, Hobbys, Privates, Bemerkungen über die Firma oder die Produkt- und Dienstleistungsangebote unseres Gesprächspartners. Bitte achten Sie darauf, aktiv nur positive Dinge anzusprechen. Gespräche über das wieder mal so miese Wetter, die Politik oder darüber wie schwierig es für Sie war, zu Ihrem Gesprächspartner zu finden, sind denkbar ungeeignet. Wichtig ist immer, dass Sie ein ehrliches Interesse am Gegenüber und an den Gesprächsthemen haben. Vorgetäuschtes Interesse wird unbewusst, nonverbal auf Ihren Gesprächspartner übertragen, Sie wirken dadurch inkongruent und unglaubwürdig.

Kleinigkeiten im eigenen Verhalten können große Wirkung haben. Andererseits können Sie durch die eigene Schärfung der Sinneswahrnehmung in dieser ersten Phase des Einstiegs sehr viel vom Verhandlungspartner erfahren. Sehr praktikabel ist der folgende kleine Trick, den erfahrene Verhandler gerne anwenden:

Häufig finden geschäftliche Verhandlungen in den Firmenräumen der Kunden statt. Sie werden von einer Assistentin oder einem Assistenten in den Besprechungsraum geführt, dort erwartet Sie schon der oder die Verhandlungspartner (stehend, sitzend). Wenn Sie einen Raum mit mehreren Personen betreten, lautet die Empfehlung: Bleiben Sie stehen! Lächeln Sie und stellen Sie Augenkontakt zu den unterschiedlichen Personen her. Nicken Sie ganz leicht mit Ihrem Kopf, sagen Sie klar und deutlich »Guten Tag« und schweigen Sie dann. Was daraufhin passiert, ist immer wieder überraschend. Die Personen schauen sich gegenseitig an – nach dem Motto: Was soll ich tun? Wer begrüßt als Erster? Wie geht es weiter? In diesen wenigen Sekunden heißt es genau aufpassen, die eigenen Sinne schärfen. Mitarbeiter und Angestellte, die nicht entscheidungsbefugt sind, suchen nämlich den Blickkontakt zum wirklichen Entscheider, zum Verhandlungsführer. Das ist eine sehr hilfreiche Information. Dieser Entscheider wird dann auch in aller Regel die Initiative übernehmen und auf Sie zukommen – psychologisch gesehen ein ganz wichtiges Detail. Der Verhandlungspartner ist damit bereits einen Schritt auf Sie zugegangen. Gehen Sie Ihrem Gesprächspartner dann entgegen. Eine Checkliste für die Planung Ihres Einstiegs in die Verhandlung finden Sie im Anhang (Abbildung 12).

3.2.1 Spiegeln/Rapport-Modell

»Wir mögen das, was uns ähnlich ist.« Wir kennen aber auch das Sprichwort »Gegensätze ziehen sich an«. Dies bedeutet jedoch nicht, dass sich Gegensätze auch mögen. Vielmehr haben Untersuchungen gezeigt, dass das Sprichwort »Gleich und Gleich gesellt sich gern« viel eher der zwischenmenschlichen Realität entspricht. Kommunikation findet zu 80 Prozent über die Beziehungsebene statt, 20 Prozent sind Sachebene (Friedemann Schulz von Thun und Eisberg-Modell: Abbildung 7). Ein gutes Verständnis auf der Beziehungsebene ist daher von großem Nutzen in der Verhandlungssituation und kann sogar mögliche kleinere Unstimmigkeiten auf der Sachebene aufheben.

Möglichst viele Ähnlichkeiten zwischen uns und dem Verhandlungspartner zu schaffen ist eine optimale Voraussetzung für den Einstieg in die Verhandlungssituation. Ziel ist es also, eine Übereinstimmung durch Angleichung (Spiegeln) mit unserem Verhandlungspartner herzustellen. Diese Übereinstimmung kann durch eine Angleichung an den Gesprächspartner erzeugt werden, indem zum Beispiel Aussehen (Kleidung), Sprache, Stimme, Körperhaltung oder Körpersprache gespiegelt werden. Als Verhandlungspartner im Finanzdienstleistungssektor werde ich sicher im Anzug auftreten, in der holzverarbeitenden Industrie eher mit Stoffhose und Hemd zum Termin erscheinen. Wenn der Verhandlungspartner die Arme verschränkt hat, werde ich die Arme ebenfalls verschränken, wenn er lächelt, ebenfalls lächeln, wenn er eher laut spricht, werde ich meine Sprechlautstärke der seinen anpassen. Sie können Körpersprache, Gestik, Mimik, Stimme, Lautstärke, Wörter, ganze Sätze und sogar Meinungen (vorausgesetzt, Sie können sich mit dieser Meinung in irgendeiner Weise identifizieren) spiegeln.

Das Konzept des Spiegelns geht ursprünglich auf Sigmund Freud zurück und wurde von Carl Rogers und Reinhard Tausch erstmals ausführlich beschrieben. Das Spiegeln ist eine Methode, die aus dem Bereich der Psychotherapie und Gesprächstherapie kommt und auch für die allgemeine Kommunikation genutzt wird. Rein formal kann das Gehörte und Verstandene gesprächstechnisch durch drei Methoden gespiegelt werden:

1. durch wörtliche Wiederholung des Gehörten,
2. durch Paraphrasieren, indem das Gehörte und Verstandene mit eigenen Worten formuliert wird,
3. durch Verbalisieren, indem vor allem die emotionalen Inhalte der Aussagen des Verhandlungspartners in Worte gefasst werden.

Das Spiegeln (die Angleichung an die Mitmenschen) ist für das Sozialwesen Mensch eine natürliche Verhaltensweise (übrigens gilt das auch für das Tierreich). Sie können es beispielsweise gut bei einem frisch verliebten Paar, das in einem Café sitzt, beobachten: gleiche Körperhaltung, ähnliche Gestik, er greift zur Tasse, sobald sie trinkt, ... Wunderbar dargestellt finden Sie das »Spiegeln« in einer der Anfangsszenen des Films »Rendezvous mit Joe Black« (Jonny Depp und Anthony Hopkins in den Hauptrollen).

Demnach passiert eine Angleichung an unseren Gesprächspartner ganz automatisch und auf natürliche Weise, wenn sich Menschen mögen. Je positiver der Kontakt bewertet wird, desto stärker ist die Anpassung. Umgekehrt kann die Angleichung an unser Gegenüber Wohlgefühl und Empathie erzeugen. All das passiert erstens sehr schnell und zweitens auf unbewusster Ebene. Dieses Modell der Herstellung einer Übereinstimmung heißt Rapport-Modell (aus dem Fachbereich des Neurolinguistischen Programmierens: NLP, Richard Bandler und John Grinder, 1970). Auf der verbalen Ebene entsteht Rapport durch die Verwendung ähnlicher Worte und Redewendungen, durch die gleiche Sprechgeschwindigkeit und Tonlage sowie in angepasster Form durch die Sprachlautstärke und Sprachrhythmik. Nonverbal zeigt sich Rapport in der Anpassung und Synchronisation von Gestik und Mimik. Zum Beispiel wird die

Bein- und Armhaltung gespiegelt, gleiche Bewegungsabläufe werden ausgeführt, und die Atemfrequenz und der Atemrhythmus werden angeglichen. Menschen neigen bei bestehendem Rapport dazu, einander tendenziell positiver zu bewerten, sich eher zu vertrauen und Gesagtes weniger kritisch aufzunehmen. Also alles Voraussetzungen, die für eine erfolgreiche Verhandlungsführung zur Erzeugung einer Win-win-Situation sehr hilfreich sind. Um Rapport herzustellen, kann man sich einfühlsam und mit Respekt an die Körpersprache des anderen anpassen, also die Körpersprache spiegeln. Das ist kein Nachmachen, kein Nachäffen, das wäre ein auffälliges, übertriebenes und wahlloses Kopieren der Bewegungen einer anderen Person, was normalerweise als Angriff verstanden wird. Angleichen der Stimme ist eine weitere Art, Rapport aufzunehmen. Es können die Tonart, die Geschwindigkeit, die Lautstärke und der Sprachrhythmus gespiegelt werden. Sich auf den Atemrhythmus des anderen einzustellen ist eine sehr wirkungsvolle Methode, um Rapport herzustellen. Spiegeln ist in der Kommunikation ein sehr effektives und mächtiges Instrument, um eine positive Gesprächsatmosphäre als Grundlage für ein Gewinner-Gewinner-Ergebnis in Verhandlungen zu schaffen.

Neueste Ergebnisse aus der Gehirnforschung haben dies jetzt auch auf neuronaler Ebene bestätigt: Jeder Mensch hat spezielle, für die Herstellung von sozialem Wohlgefühl durch Rapport (Körperhaltung, Gestik, Mimik, Sprache) verantwortliche Nervenzellen, die so genannten Spiegelneurone (Professor Manfred Spitzer, Geist im Netz).

3.2.2 Emotionen in Verhandlungen

Stellen Sie sich eine Situation wie diese vor:

In einer Verhandlung macht Ihr Verhandlungspartner einen Vorschlag, auf den Sie unmöglich eingehen können. Das weiß auch

Ihr Verhandlungspartner. Nun sagt dieser: »Ach, Sie sind ja gar nicht autorisiert, das Geschäft abzuschließen. Dann möchte ich meine Zeit lieber nicht weiter mit unserem Gespräch verschwenden.« Wie schwer ist es für Sie, eine derartige Situation nicht als persönlichen Angriff zu verstehen? Welche Emotionen entstehen bei Ihnen?

Im Verlauf einer Verhandlung lassen sich Emotionen nicht vermeiden (Abbildung 8). Trotz sorgfältig ausgearbeiteter Strategien und professioneller Vorbereitung werden Verhandlungspartner häufig unsicher, wenn Gefühle wie Ärger, Frustration, Nervosität auftauchen und zu Stress führen. Ein Lächeln, Freundlichkeit, Wertschätzung des Verhandlungspartners und eine positive Grundeinstellung, also alles, was zum Aufbau einer guten Beziehungsebene dient, kann bei der Entscheidung in einer Verhandlung eine große Rolle spielen und sich positiv auf das Ergebnis auswirken. Positive Emotionen erzeugen ein gutes Gefühl.

Unbewusste, unkontrollierte Emotionen haben eher den gegenteiligen Effekt; sie beeinträchtigen die Beziehung zwischen den Verhandlungspartnern, vermindern die Aufmerksamkeit und lenken von wichtigen Details und Problemen ab. Am Anfang einer Verhandlung ist der Stressfaktor meist sehr hoch, die Positionen sind noch nicht ausgetauscht, man tastet sich an den anderen heran (»warmlaufen«). Ein Gefühl der Anspannung ist zu spüren. Die Anspannung schwankt dann je nach Verlauf der Verhandlung stark. Gefühle wie Hoffnung, Zweifel, aber auch Wut oder Ärger über den einen oder anderen überzogenen Vorschlag oder persönlichen Angriff können entstehen. Der gefährlichste Punkt für das Gesamtergebnis ist jedoch kurz vor Ende einer Verhandlung, kurz vor der Vereinbarung. Die Anspannung ist jetzt besonders hoch, dadurch ist die Wahrnehmung der Umwelt eher eingeschränkt, die Emotionen gehen in Richtung Erleichterung und Freude, manchmal sogar Euphorie, über die bevorstehende Vereinbarung. In dieser Situation werden oft und ohne Not besonders hohe Zugeständnisse gemacht.

Spannungskurve während Verhandlungen

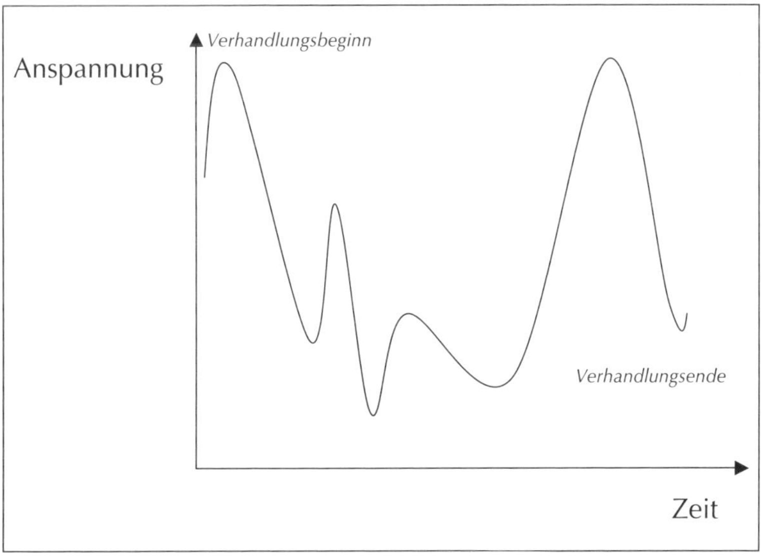

Abbildung 8

Vermeiden Sie allzu starke Emotionsausbrüche während der Verhandlung, denn das kann gegen Sie verwendet werden. Reagieren Sie auf emotionale Ausbrüche des Verhandlungspartners mit Hinterfragen der Emotionen. Welche Ängste, Bedürfnisse stecken dahinter? Zeigen Sie Wertschätzung und signalisieren Sie Verständnis. Eigene Emotionalität drücken Sie am besten durch Ichbotschaften aus: »Ich habe jetzt das Gefühl, dass wir in einem gegenseitigen Hin und Her feststecken«, »Nach meinem Gefühl, sprengt diese Forderung den Rahmen«. Es gilt immer: Hart in der Sache, weich zur Person.

Daniel Goleman beschreibt in seinem Buch »Emotionale Intelligenz« (1995) anschaulich die Erkenntnisse aus den Neurowissenschaften zu Emotionen und was passiert, wenn das impulsive Gefühl das rationale Denken verdrängt. Die Aussage »Nehmen Sie es nicht persönlich, Herr Schmidt, aber über Ihr Angebot kann ich nur lachen« wird von besagtem Herrn Schmidt eben doch persönlich genommen. Durch die Erkenntnisse aus der Neurobiologie wissen wir, dass dafür das Reptiliengehirn und das limbische System verantwortlich zeichnen, also entwicklungsgeschichtlich ältere Teile unseres Gehirns, im Speziellen der Mandelkern (Amygdala). Diese Gehirnareale wirken gleichsam als Filter und lösen eine Reaktion aus, noch bevor die Signale in unserem Neokortex »bewusst« verarbeitet werden können. Bevor also Herr Schmidt möglicherweise darüber nachdenken kann, wie denn ein akzeptables Angebot aussehen könnte, oder gar eine Frage stellen kann, hat sein Mandelkern bereits entschieden. Es kommt zur Ausschüttung bestimmter Hormone, der Puls und die Atemfrequenz von Herrn Schmidt steigen, er steht auf und verlässt wütend den Raum.

Roger Fisher, Co-Autor des Buchs, »Das Harvard Konzept«, hat sich in seinem neuesten Buch gemeinsam mit dem Psychologen Daniel Shapiro (»Erfolgreich verhandeln mit Gefühl und Verstand«, 2007) dem Thema von Emotionen in Verhandlungen gewidmet. Sie beschreiben fünf menschliche Kernbedürfnisse, die verantwortlich sind für viele Emotionen in Verhandlungen. Diese sind:

- **Wertschätzung:** Positiv wirkt, wenn die eigenen Gedanken, Gefühle und Handlungen als wertvoll behandelt werden.
- **Verbundenheit:** Positiv wirkt, wenn wir als Kollegen behandelt werden.
- **Autonomie:** Positiv wirkt, wenn die Entscheidungsfreiheit anerkannt wird.
- **Status:** Positiv wirkt, wenn der Status mit voller Anerkennung geachtet wird.
- **Rolle:** Positiv wirkt, wenn die Rolle und die entsprechenden Aktivitäten als ausfüllend angesehen werden.

Indem sich die Verhandelnden auf diese Kernbedürfnisse konzentrieren und aktiv ansprechen, können sie positive Emotionen stimulieren und negative überwinden. Treten dennoch negative Emotionen auf, so empfehlen sich klassische Maßnahmen (Adler, Rosen und Silverstein, 1998):

- Eine Verhandlungspause herbeiführen.
- Rückwärts von 10 bis 1 zählen.
- Tief und langsam ein- und ausatmen (Bauchatmung).
- Muskeln unter dem Tisch bewusst anspannen und entspannen, einen beruhigenden Ort oder eine positive Erinnerung visualisieren.
- Beleidigende Kommentare und Anmerkungen gedanklich an sich vorbeifliegen und die dahinter liegende Wand treffen lassen (Unrat vorbeiziehen lassen).

Die Schwelle, bei der Emotionen entstehen oder die eigene Emotionen unkontrollierbar werden lässt (»wo man aus der Fassung gerät«), ist bei jedem Menschen unterschiedlich hoch (oder niedrig). Als erfahrener Verhandler sollten Sie wissen, wo Ihre persönliche Schwelle liegt und wie Sie reagieren, wenn jemand Ihren »roten Knopf« betätigt. Dann werden Sie leichter und bewusster damit umzugehen lernen.

3.2.3 Wer redet zuerst?

Sie kennen möglicherweise den Spruch »Wer sich zuerst bewegt, verliert«. Im übertragenen Sinne trifft das auch auf Verhandlungen zu. Vermeiden Sie es, mit dem Vorstellen des eigenen Forderungskatalogs zu beginnen, dann lassen Sie Ihrem Verhandlungspartner den Vortritt. Ihr Ehrgeiz sollte darin bestehen, als Erster zuzuhören. Sie haben dadurch einen entscheidenden Vorteil erzielt und kennen die Forderungen des Verhandlungspartners, können sich also darauf einstellen. Möglicherweise ist schon ein

Teil Ihrer Forderungen oder Wünsche erfüllt, möglicherweise müssen Sie Ihre Forderungen noch einmal anpassen.

Setzen Sie sich die Vorstellung der Agenda für den Verhandlungsablauf zum Ziel. Wer die Tagesordnung, also den zeitlichen Ablauf der Agenda, bestimmen kann, besitzt einen klaren Vorteil. Sie haben damit aktiven Einfluss darauf, wer wann zu welchen Punkten Stellung bezieht. Sie können festlegen, ob Sie kritische Punkte vorverlegen oder lieber ans Ende setzen wollen. Denken Sie unbedingt daran, sich den Ablauf vom Verhandlungspartner bestätigen zu lassen. Das kann sich dann in etwa so anhören: »Wir haben uns heute hier getroffen, um über die noch offenen Punkte unseres Angebots zu sprechen. Herzlichen Dank für die Einladung in Ihre Firma und die Zeit, die Sie sich nehmen. Ich schlage vor, Herr Schulz, Sie beginnen und legen kurz Ihre Sichtweise und Ihre Forderungen dar. Ist das so in Ordnung für Sie?« In vielen Fällen klappt dieses Vorgehen ganz hervorragend. Ein wichtiger Hinweis in diesem Zusammenhang: Sprechen Sie Ihren Verhandlungspartner so oft wie möglich mit seinem Namen an, denn dieser ist für jeden das schönste Wort seines Wortschatzes.

3.3 Phase III: Verhandlungsführung

Im Leben geht es nicht darum, gute Karten zu haben,
sondern auch mit einem schlechten Blatt gut zu spielen.
(Robert Louis Stevenson)

In Phase III des Vier-Phasen-Modells zur Verhandlungsführung werden unterschiedliche Techniken der Kommunikation, erfolgreiche und bewährte Handlungsempfehlungen und verschiedene Verhandlungstaktiken dargestellt. Je besser Sie diese Möglichkeiten verinnerlicht haben, umso leichter wird Ihnen die eigentliche Verhandlungsführung fallen, ja, Sie werden sogar

Spaß daran haben. Innerhalb der Verhandlungsführung selbst gibt es kein klares »Kochrezept« wie: Auf A folgt B und dann C. Wichtig ist, dass Sie Ihren Forderungskatalog, Ihre Limits, Ihre Zusatzwünsche und Ihre Zugeständnisse genau kennen und immer parat haben (siehe Checkliste Verhandlungsvorbereitung). Ihre Stärke wird unter anderem auch die Flexibilität sein, mit der Sie in unterschiedlichen Situationen agieren und auf Handlungen des Gegenübers reagieren.

3.3.1 Kommunikationstechniken

Als Einstieg in dieses Thema gefällt mir folgende kleine Geschichte ganz gut:

Kommunikation ist alles!

Großer Aufruhr im Wald!
Es geht das Gerücht um, der Bär habe eine Todesliste. Alle fragen sich, wer denn nun da draufsteht. Als Erster nimmt der Hirsch allen Mut zusammen und geht zum Bären und fragt ihn: »Sag mal, Bär, steh ich auch auf deiner Liste?«
»Ja«, sagt der Bär, »auch dein Name steht auf der Liste.«
Voller Angst dreht sich der Hirsch um und geht. Und wirklich, nach zwei Tagen wird der Hirsch tot aufgefunden. Die Angst bei den Waldbewohnern steigt immer mehr, und die Gerüchteküche um die Frage, wer denn nun auf der Liste stehe, brodelt. Der Keiler ist der Nächste, dem der Geduldsfaden reißt und der den Bär aufsucht, um ihn zu fragen, ob auch er auf der Liste stehen würde.
»Ja«, antwortet der Bär, »auch du stehst auf der Liste.«
Verängstigt verabschiedet sich der Keiler vom Bären. Und auch ihn fand man nach zwei Tagen tot auf. Nun bricht die Panik bei den Waldbewohnern aus. Nur der Hase traut sich noch, den Bären aufzusuchen.
»Bär, steh ich auch auf der Liste?«

»Ja, auch du stehst auf der Liste.«
»Kannst du mich da streichen?«
»Ja, klar, kein Problem!«

(Quelle unbekannt)

3.3.1.1 Die richtigen Fragen

Ein Weiser gibt nicht die richtigen Antworten,
sondern er stellt die richtigen Fragen.
(Claude Levi-Strauss)

Besonders vorteilhaft sind Fragen, die zielgerichtet und lösungsorientiert sind. Wer fragt, der führt. Ziel muss es sein, den Grund für die fehlende Übereinstimmung, das »Problem«, zu isolieren und die Interessen, die dahinter liegen, zu erforschen. Klären Sie die für den Verhandlungspartner wichtigen Hintergründe und Rahmenbedingungen. Zeigen Sie ein ehrliches Interesse an den Zielen Ihres Verhandlungspartners. Nutzen Sie dazu auch Rückkoppelungsfragen (»Habe ich Sie richtig verstanden?«, Verstehe ich Sie richtig: Sie meinen ...?«), und machen Sie sich Notizen. Richten Sie Ihre Fragen auf Bedürfnisse und den Nutzen für Ihren Gesprächspartner. In der Regel sind dazu die offenen Fragen (so genannte W-Fragen: Wer?, Was?, Wie?, Woher?, Wann?, Welche?, Wodurch?) am besten geeignet. Bei den offenen Fragen muss der Verhandlungspartner nachdenken, um zu antworten. Sie geben keine Lösung vor und erzeugen somit Akzeptanz und Wertschätzung. Gut geeignet für die Verhandlungsführung sind auch hypothetische Fragen (»Was wäre für Sie eine optimale Lösung?«, »Könnten Sie sich vorstellen, dass ...?«), Alternativfragen (also das Abfragen von Lösungsvarianten: »Wollen Sie die Lieferung morgen oder in zwei Wochen?«) und Fragen, die in die Zukunft gerichtet sind (»Wenn Ihre Anforderungen erfüllt sein werden, was bedeutet das für Ihre Firma ...?«). Weitere Beispiele für gute Fragen sind:

- Um zu verstehen, wo die Prioritäten liegen: Was sind die Gründe für Ihren Vorschlag?
- Was müsste ich tun, damit Sie meinen Vorschlag annehmen konnen?
- Wie wichtig ist das für Sie? Oder: Worauf legen Sie besonderen Wert?
- Unter welchen Umständen wären (sind) Sie dazu bereit?
- Was muss passieren, damit ...?
- Was müsste ich Ihrer Meinung nach noch wissen?
- Was ist der Hintergrund Ihres Vorschlags?
- Unter welchen Umständen würden Sie meinen Forderungen (meinem Anliegen) nachkommen?
- Was genau brauchen Sie, um eine Entscheidung treffen zu können?
- Wie entscheidend wichtig ist dieser Punkt für Sie?
- Wenn Sie sich die ideale Lösung vorstellen, wie müsste die aussehen?
- Welche Vorteile sehen Sie konkret?
- Auf welche Teilaspekte können Sie am wenigsten verzichten?
- Was halten Sie ganz persönlich von diesem Vorschlag, Herr/Frau ...?
- Was werden Sie für mich tun, wenn ich das für Sie möglich mache?
- Mal angenommen, ich stimme zu, würden Sie ...?
- Aufgrund welcher Kriterien haben Sie das so geplant?
- Welche Fakten liegen Ihrer Forderung zugrunde?
- Wie müsste ein für Sie besserer Abschluss/eine für Sie bessere Lösung aussehen?
- Welche Aspekte meines Vorschlags finden Ihre Zustimmung?
- Wodurch kann Ihr Entschluss beeinflusst werden?
- Was schlagen Sie vor?

Die Qualität unserer Fragen bestimmt die Qualität der Antworten, die wir bekommen. Wichtiger, als sich lang und breit zu überlegen, welche Frageart nun technisch gesehen die richtige ist, ist die Beschäftigung mit dem Inhalt der Frage. Wie genau passt sie auf die Situation und auf den Verhandlungspartner? In vielen Fällen ist es hilfreich, sich zu überlegen: Was möchte ich genau wissen? Welche Informationen brauche ich? Was ist wirklich wichtig? Vermeiden Sie Fragen, die einen Rechtfertigungsdruck beim Verhandlungspartner erzeugen, also auch alle Fragen, die mit »Warum?«, »Wieso?« oder »Weshalb?« beginnen. Als guter Ersatz für das Wörtchen »Warum?« kann sehr gut die Formulierung »Aus welchem Grund?« verwendet werden. Verwenden Sie keine persönlichen Angriffe oder in Fragen verpackte Vorwürfe. Vermeiden Sie auch insbesondere Suggestivfragen (»Sie sehen das doch sicher auch so, dass ..., oder?«).

Beispiele für zu vermeidende Fragen:

- Ist das Ihr letztes Wort?
- Was stört Sie denn noch?
- Ja, was glauben Sie denn?
- Ist das wirklich wichtig für Sie?
- Erwarten Sie ernsthaft, dass ich darauf eingehe?
- Haben Sie mir zugehört?
- Verstehen Sie meinen Standpunkt?
- Denken Sie nicht auch, dass das ein für beide Seiten annehmbarer Vorschlag ist?

Grundsätzlich gilt: Immer nur **eine** Frage stellen und dann »Mund halten«. Schweigen Sie und geben Sie Ihrem Gesprächspartner die Chance zu antworten! Die geschlossenen Fragen (Fragen, bei denen unser Verhandlungspartner mit »Ja« oder »Nein« antworten kann) bitte dann einsetzen, wenn es um eine Entscheidungsfindung geht, wenn Sie Klarheit haben wollen oder wenn Sie den Abschluss, die Vereinbarung, herbeiführen wollen.

3.3.1.2 Aktives Zuhören

Man benötigt zwei Jahre, um sprechen zu lernen, und 50 Jahre, um schweigen zu lernen. (Ernest Hemingway)

Michael Ende beschreibt in seinem Buch »Momo« ein kleines Mädchen mit einer außergewöhnlichen Fähigkeit: »Was die kleine Momo konnte wie kein anderer, das war: Zuhören. Das ist doch nichts Besonderes, wird nun vielleicht mancher Leser sagen, zuhören kann doch jeder. Aber das ist ein Irrtum. Wirklich zuhören können nur ganz wenige Menschen. Und so wie Momo sich aufs Zuhören verstand, war es ganz und gar einmalig. Momo konnte so zuhören, dass dummen Leuten plötzlich sehr gescheite Gedanken kamen. Nicht etwa, weil sie etwas sagte oder fragte, was den anderen auf solche Gedanken brachte, nein, sie saß nur da und hörte einfach zu, mit aller Aufmerksamkeit und aller Anteilnahme. Dabei schaute sie den anderen mit ihren großen, dunklen Augen an, und der Betreffende fühlte, wie in ihm auf einmal Gedanken auftauchten, von denen er nie geahnt hatte, dass sie in ihm steckten. Sie konnte so zuhören, dass rastlose oder unentschlossene Leute auf einmal ganz genau wussten, was sie wollten. Oder dass Schüchterne sich plötzlich frei und mutig fühlten. Oder dass Unglückliche und Bedrückte zuversichtlich und froh wurden. Und wenn jemand meinte, sein Leben sei ganz verfehlt und bedeutungslos und er selbst nur irgendeiner unter Millionen, einer, auf den es überhaupt nicht ankommt und der ebenso schnell ersetzt werden kann wie ein kaputter Topf – und er ging hin und erzählte alles das der kleinen Momo –, dann wurde ihm, noch während er redete, auf geheimnisvolle Weise klar, dass er sich gründlich irrte, dass es ihn, genauso wie er war, unter allen Menschen nur ein einziges Mal gab und dass er deshalb auf seine besondere Weise für die Welt wichtig war. So konnte Momo zuhören!«

Aktives Zuhören (eine Methode, die ursprünglich aus der Psychotherapie stammt) ist mehr, als den Verhandlungspartner nicht zu unterbrechen. Wer redet kann nicht zuhören. Aktives Zuhören ist an vier Voraussetzungen gebunden:

- Interesse am anderen,
- Bereitschaft zuzuhören,
- Fähigkeit zuzuhören,
- vollkommen präsent zu sein.

Ziel ist es, die Bedürfnisse, Beweggründe, Motivation, Befürchtungen und Ängste des Gesprächspartners zu verstehen. Offen zu sein für die Signale, die vom Gegenüber gesendet werden, ohne sofort zu interpretieren oder Schlussfolgerungen zu ziehen. Sie zeigen damit ein ehrliches Interesse für den Standpunkt und die Interessen des anderen.

Menschen ertragen Stille nur schwer, so ist Schweigen ein sehr wirksames Mittel in der Kommunikation. Die Stille ermuntert zu reden, in manchen Fällen fühlt sich der Gesprächspartner regelrecht gezwungen weiterzusprechen, um so die Stille aufzulösen. Dabei können Sie mehr und tiefere Erkenntnisse über die Interessen und Bedürfnisse Ihres Verhandlungspartners erlangen.

Typische Merkmale des aktiven Zuhörens sind:

- Blickkontakt,
- Kopfnicken,
- Schweigen,
- Bestätigungslaute (mmh, ... mmh),
- Bestätigen (ja),
- Lächeln,
- Mitschreiben,
- Wiederholen Aussagen,
- Stellen von Rückkoppelungsfragen (»Wenn ich Sie richtig verstehe, ...«).

Aktives Zuhören erzeugt beim Gegenüber Wertschätzung, Akzeptanz und ein Gefühl des Verstandenwerdens. Es ist die Grundlage für die Suche nach gemeinsamen Lösungen und hilfreich für die Erzielung eines Gewinner-Gewinner-Ergebnisses.

3.3.1.3 Einwand/Vorwand: Auspendeln

Einwände sind häufig schwer von Vorwänden zu unterscheiden, da beides in der gleichen Art und Weise formuliert ist. Bei Einwänden handelt es sich um relevante offene Fragen oder um nicht berücksichtigte Bedürfnisse unseres Gesprächspartners. In jedem Fall handelt es sich bei einem Einwand um etwas, was Sie beachten und bearbeiten müssen. Ein nicht befriedigend behandelter Einwand (bewusst oder unbewusst spielt dabei keine Rolle) löst eine Störung auf der Beziehungsebene aus, erschwert dadurch die weitere Kommunikation und behindert damit den gesamten Verhandlungsablauf. Vorwände werden bewusst oder unbewusst eingesetzt. Bewusst verwendet sind Vorwände eine Methode, um die Verhandlung zu verzögern oder um sich nicht entscheiden zu müssen. Möglicherweise möchte der Verhandlungspartner von den tatsächlichen Problemen ablenken und seine wahren Interessen verbergen, um nicht zu viel preiszugeben. Möglicherweise möchte er oder sie nur testen, wie Sie reagieren. Viele Gründe können hinter der Verwendung eines Vorwands stecken. Klar ist, einen Vorwand können Sie nicht lösen, sosehr Sie sich auch anstrengen, da es sich bei einem Vorwand nicht um das wirkliche Problem handelt.

Eine Möglichkeit, zwischen Einwand und Vorwand unterscheiden zu können, ist daher sehr sinnvoll. Dazu hat sich die Technik »Auspendeln« bewährt. Sie vermeiden es, durch die Anwendung dieser Technik in eine Kommunikationsfalle zu tappen. Mit allen möglichen »guten Argumenten« allerlei Vorwände zu »lösen erzeugt schnell ein Gefühl« wie als Hamster im Hamsterrad zu reagieren. Das »Auspendeln« ist eine Technik, um Einwände auf Ihre Relevanz abzuklopfen. Nachdem es sich bei der Aussage »zu teuer« sehr oft um einen klassischen Einwand oder Vorwand handelt, kann die Auspendeltechnik hier gut eingesetzt werden. Die allgemeine Struktur ist wie folgt:

- Erster Schritt: Hören, Verständnis zeigen und die Aussagen anerkennen.
- Zweiter Schritt: Wiederholen der Aussage des Verhandlungspartners in seinen/ihren eigenen Worten (zum Beispiel: »Ich verstehe, Sie sagen, das ist Ihnen zu teuer« – Achtung, jetzt warten, bis der Verhandlungspartner »nickt« oder »ja« sagt).
- Dritter Schritt: Nutzenorientierte Frage zu einem anderen Punkt stellen (»Wie gefällt Ihnen die neue, flexiblere Lieferzeitregelung?«).

Jetzt warten Sie einfach darauf, ob Ihr Kunde den ursprünglichen Punkt seines Einwands noch einmal anspricht. Wenn das Thema nicht mehr ins Gespräch kommt, war es mit höchster Wahrscheinlichkeit nur ein Vorwand, und Sie brauchen sich darum nicht mehr zu kümmern. Kommt derselbe Einwand wieder: »Ja, aber Ihr Angebot ist mir trotzdem zu teuer«, wissen Sie, dass es sich mit großer Wahrscheinlichkeit um einen echten Einwand handelt. Diesen Einwand müssen Sie lösen, in jedem Fall ernst nehmen und sich darum kümmern.

Praxisbeispiel: Einwand oder Vorwand?
Kunde: *»Ihr Angebot ist uns zu teuer.«*
Anbieter: *»Aha, ich verstehe, Sie sagen, unser Angebot ist Ihnen zu teuer.«*
Kunde: *»Ja, genau.«*
Anbieter: *»Sagen Sie, und was halten Sie von den garantierten Lieferzeiten und der farblich individuellen Anpassung des Produkts auf Ihre Unternehmensfarben?«*

Kunde: *»Nun, das ist wirklich Klasse, stimmt!«*
Anbieter: *»Soll die erste Bestellung dann gleich in Grün und Blau ausgeliefert werden?«*

Sie lenken die Aufmerksamkeit und den Fokus Ihres Verhandlungspartners auf einen für ihn wertvollen, interessanten Aspekt. Der ursprünglich formulierte Vorwand verliert an Bedeutung. Ein echter Einwand, also ein nicht befriedigtes Bedürfnis, bleibt jedoch präsent. Beim Auspendeln ist es erforderlich, sich an eine klare Kommunikationsstruktur zu halten. Bei der Wiederholung des Einwands oder Vorwands verwenden Sie die Worte des Verhandlungspartners. Keine Interpretationen wie »Aha, Sie meinen also …« dürfen verbalisiert werden. Formulierungen wie »Ich verstehe, Sie sagen …« oder »Ich höre, Sie sagen …« sind dagegen gut geeignet. Damit bringen Sie zum Ausdruck, dass Sie Ihren Gesprächspartner gehört und verstanden haben. Im Unterschied zu »Aha, ich verstehe Sie, unser Angebot ist Ihnen also …« (im strengen Sinne ist das eine Interpretation) erwecken Sie so den Eindruck, mit dem Argument des Verhandlungspartners einverstanden zu sein.

Verständnis zeigen ist nicht gleichbedeutend mit einverstanden sein!

Insbesondere ist wichtig bei der Frage »… und was halten Sie von …?«, dass Sie einen Nutzen Ihres Produkts oder Ihrer Dienstleistung für den Kunden wählen, von dem/von der Sie wissen, dass er/sie relevant für den Kunden ist und nicht irgendeinen/irgendeine Nutzen/Dienstleistung. Die Fragen im Vorfeld nach den Bedürfnissen, Interessen und Zielen Ihres Verhandlungspartners erweisen sich spätestens jetzt als sehr hilfreich.

3.3.1.4 Einwandbehandlung

Ein Einwand ist der negative Ausdruck eines Bedürfnisses. Daher kann ein Einwand als etwas sehr Positives in der Kommunikation betrachtet werden. Sie erfahren viel über die Bedürfnisse und Interessen Ihres Verhandlungspartners. Hinter dem Einwand »zu teuer« kann ein großes Bedürfnis nach Sicherheit stehen (eine Investition ist ja immer im Gesamtzusammenhang des wirtschaftlichen Auskommens zu sehen). Hinter dem Einwand »Ich möchte den Anbieter nicht wechseln« kann als Bedürfnis Kontinuität oder Bequemlichkeit oder auch Sicherheit stehen.

Die Einwandbehandlung erfolgt in fünf Schritten:

- Erster Schritt: Hören, Verständnis zeigen und die Aussagen anerkennen.
- Zweiter Schritt: Wiederholen der Aussage des Verhandlungspartners in seinen eigenen Worten (zum Beispiel: »Ich verstehe, Sie sagen, das ist Ihnen zu teuer« – Achtung, jetzt warten, bis der Verhandlungspartner »nickt« oder »ja« sagt).
- Dritter Schritt: Einwand klären, das heißt: nachfragen, Einwand isolieren, Einzelheiten abklären.
- Vierter Schritt: Einwand lösen.
- Fünfter Schritt: Checking: »Ist das so in Ordnung für Sie …?«, »Wie gut gefällt Ihnen diese Lösung?«, »Wie passt das für Sie?«

Für die explizite Lösung eines Einwands (vierter Schritt) schlage ich fünf Techniken vor:

- **Fehlende Informationen nachreichen** und etwaige Missverständnisse aufklären. Eine sehr einfache Technik, da es hier nur um die Klarstellung von Fakten geht.
- **Umwandlung des Einwands in ein Bedürfnis.** Da hinter jedem Einwand ein Bedürfnis steckt, gilt es dieses heraus-

zufinden. Hinter dem Einwand »Das ist alles viel zu kompliziert« könnte eben das Bedürfnis Bequemlichkeit oder Sicherheit stecken. Eine mögliche Antwort ist: »Für Sie ist es also wichtig, dass das Gerät eine einfache und sichere Anwendung gewährleistet?« Sie erzielen mit dieser Frage eine positive Gesprächsatmosphäre, äußern Verständnis und können die Verhandlung mit der Besprechung des Nutzens Ihres Produkts oder Ihrer Dienstleistung fortführen.

- **»Genau aus diesem Grund«-Technik:** »Ihr Produkt ist mir zu teuer.« Antwort: »Ja, genau deshalb, weil das so ist, können wir Ihnen diese hohe Qualität bieten.«
- **Relativieren des Einwands.** Den Einwand mit einem anderen Nutzen aufwiegen. »Abgesehen vom Preis, wie wichtig ist Ihnen unser Serviceangebot?«, »Neben den sehr langen Lieferzeiten bieten wir Ihnen auch sehr lange Garantieleistungen, wie entscheidend ist das für Sie?«
- **»Letzter Einwand«:** Diese Technik ist eigentlich eine Abschlusstechnik. »Angenommen, wir können uns bei diesem Punkt einigen, kommen wir dann heute zu einem Vertragsabschluss?«

Immer wieder werden Einwände in Ihrer täglichen Praxis auftauchen, die zum gegebenen Zeitpunkt nicht zu lösen sind. Lassen Sie sich dann nicht zu vagen Äußerungen verleiten. Sagen Sie klar, dass Sie momentan keine Lösung anbieten können. Suchen Sie dann nach einem anderen Nutzen für Ihren Verhandlungspartner und relativieren Sie dadurch den Einwand.

3.3.2 Erfolgreiche Handlungsempfehlungen

Prof. Dr. Dr. Gerhard Lange hat in seinem Buch »Rhetorik – Mit Worten gewinnen« die Anti-Carnegie-Regeln nach Peter M. Morlock beschrieben. Handlungsempfehlungen für Gewinner-Gewinner-Verhandlungen, so wie Sie es **nicht** machen sollten (vgl. positives Denken nach Dale Carnegie: »Wie man Freunde gewinnt«, 1937; »Sorge dich nicht – lebe!«, 1948):

1. Nichts glauben!
2. Gewöhnen Sie sich die »Vorzüge« ab, die der Carnegist an Ihnen lobt; es sind Ihre schlimmsten Fehler!
3. Stehen Sie Leuten, die über Ihre Witze lachen, kritisch gegenüber!
4. Vertrauen Sie nicht darauf, dass der Scheck, den er Ihnen heute gibt, morgen noch gedeckt ist!
5. Wenn er Sie entwaffnend anlächelt, vergessen Sie nicht, dass das Lachen ursprünglich eine aggressive Geste (= Zähne entblößen) ist!
6. Wenn jemand mit »ehrlichem Blick« eine emotionale Saugwirkung entfaltet, denken Sie an Oktopusse, Meeresungeheuer, Leim und Polypen. Wenn jemand den Liebreiz eines Teppichhausierers entfaltet oder mit Speck Mäuse zu fangen sucht (gastgeberische Großzügigkeit), vergessen Sie nicht, dass sie alle nur Ihr Bestes wollen: Ihr Geld und Ihre Zeit!

3.3.2.1 Umgang mit dem Forderungskatalog

Mit der Technik aus Kapitel 3.2.3 (Wer redet zuerst?) haben Sie es geschafft, dass Ihr Verhandlungspartner seinen Forderungskatalog als Erster vorlegt. Für Sie kann das von großem Vorteil sein, da Sie sich damit einen Informationsvorsprung erarbeitet haben und sich auf konkrete Forderungen einstellen können. Bei Bedarf können Sie jetzt noch Ihre Forderungen oder Ihre Angebote anpassen. Im Umgang mit dem Forderungskatalog des Verhandlungspartners hat sich folgende Vorgehensweise bewährt:

- Den Verhandlungspartner ausreden lassen.
- Abklären, ob alle Punkte genannt sind.

- Abklären der Prioritäten. Was ist dem Verhandlungspartner besonders wichtig?
- Möglicherweise lassen sich mehrere Punkte miteinander verknüpfen oder voneinander abhängig machen.
- Die wichtigsten Punkte als **Forderung** anerkennen. Damit senden Sie ein positives Signal auf der Beziehungsebene. **Achtung:** Verständnis für die Forderung zeigen bedeutet nicht, die Forderung an sich zu akzeptieren oder bereits schon zu erfüllen!

Gelingt Ihnen eine Verknüpfung von verschiedenen Aspekten des Forderungskatalogs, können Sie im Anschluss über ein Gesamtpaket verhandeln. Das bringt möglicherweise Vorteile für das Ergebnis und die Verhandlungsdauer.

Ihr eigener Forderungskatalog (siehe Checkliste Verhandlungsvorbereitung) enthält Ihre priorisierten maximalen Forderungen (ein oder mehrere Aspekte) und Ihr Subziel (das BATNA). Arbeiten Sie Ihre Aspekte Punkt für Punkt ab (Salamitaktik).Versuchen Sie jeweils, im Gegensatz zum Vorgehen beim Forderungskatalog des Verhandlungspartners, für jeden Punkt eine Vereinbarung abzuschließen. Dadurch erhöhen Sie Ihre Chancen, jeden einzelnen Forderungspunkt – oder zumindest möglichst viele davon – zu realisieren. Starten Sie dabei mit eher weniger wichtigen Aspekten nach Ihrer Prioritätenskala, um danach die wichtigen Punkte abzuarbeiten. Schließen Sie mit Aspekten, die weniger bedeutsam für Sie sind. Betrachten Sie Ihr Subziel lediglich als Sicherheitsnetz, das ausschließlich im äußersten Notfall zum Tragen kommt. Ziehen Sie sich nicht zu schnell und zu bereitwillig auf diese Position zurück.

3.3.2.2 Verhandlungsjudo

In kooperativen Verhandlungen geht es darum, die gemeinsamen Interessen zu finden und so eine Übereinstimmung herzustellen, um eine für beide Seiten akzeptable Lösung zu finden. Die Realität zeigt allerdings, dass Verhandlungen nach dem Austausch der mehr oder weniger unterschiedlichen Positionen oft stecken bleiben, da jeder Verhandlungspartner seine Standpunkte durchzusetzen versucht und somit auf seiner Position beharrt. Nicht selten werden dann im Eifer dieser Positionskämpfe persönliche Angriffe gegen den Verhandlungspartner ausgeführt. Die Verhandlung eskaliert, Blockadehaltung und Verhandlungsstopp sind oft die Folge. Streben Sie eine Gewinner-Gewinner-Lösung an, gilt es, Positionskämpfe aktiv zu vermeiden oder zu verhindern. Das Harvard-Konzept (Roger Fisher, William L. Ury, 1981) beschreibt die sachbezogene Verhandlungsführung als eine mögliche Vorgehensweise, um zu einer Gewinner-Gewinner-Lösung zu gelangen. Im Wesentlichen beruht das Harvard-Konzept auf vier Grundprinzipien:

- **Menschen:** Menschen und Probleme getrennt voneinander behandeln!
- **Interessen:** Nicht Positionen, sondern Interessen (Bedürfnisse) in den Mittelpunkt stellen!
- **Möglichkeiten:** *Vor* der Verhandlung verschiedene Wahlmöglichkeiten (Optionen) entwickeln!
- **Kriterien:** Das Ergebnis auf objektiven, neutralen Entscheidungsprinzipien (zum Beispiel gesetzliche Grundlagen, Normen, Vorschriften, gesellschaftlich akzeptierte Übereinkünfte, Fairness) aufbauen!

Die Autoren des Harvard-Konzepts bezeichnen das Vorgehen bei der sachbezogenen Verhandlung als **»Verhandlungsjudo«**, weil die Energie des Verhandlungspartners, wie bei der Angriffssituation im Judosport, durch geschicktes Ausweichen ins Leere läuft. Der Teufelskreis Angriff – Gegenangriff wird durchbrochen, indem der Dialog wieder auf die sachliche Ebene gelenkt wird. Verhandlungspartner sind in erster Linie auch Menschen. Menschen haben Standpunkte, Interessen und Bedürfnisse. Hinter jedem Problem liegt ein Interesse, ein Bedürfnis. Ziel in einer Gewinner-Gewinner-Verhandlung ist es, einen Ausgleich zwischen den unterschiedlichen Interessen zu finden. Halten Sie daher nicht an Ihren Positionen fest, sondern ermuntern Sie den Verhandlungspartner, Ihren Vorschlag zu kritisieren, holen Sie seinen Ratschlag ein. Diskutieren Sie Alternativen und Optionen. Vorschläge des Verhandlungspartners werden eben nicht »niederargumentiert«, sondern die jeweilige Position wird hinterfragt. Betrachten Sie den Vorschlag Ihres Verhandlungspartners als eine realistische Option und erörtern Sie die möglichen Auswirkungen auf beiden Seiten. »Wie wird der Vorschlag den gemeinsamen Interessen gerecht?«, »Was würde das bedeuten, wenn Ihr Vorschlag umgesetzt ist?« Nutzen Sie auch das »Schweigen« als wirksames Kommunikationswerkzeug. Begleitet von einem kurzen Anheben der Augenbrauen, wird die Macht des Schweigens noch unterstützt (Augenbrauentechnik).

Die einzelnen Verhaltensmöglichkeiten beim Verhandlungsjudo sind:

- Greifen Sie nicht die Position des anderen an, sondern werfen Sie einen Blick dahinter.
- Verteidigen Sie nicht Ihre Stellung, sondern laden Sie die Gegenseite zu Kritik und Ratschlag ein.
- Gestalten Sie persönliche Angriffe in sachbezogene Auseinandersetzungen um.
- Stellen Sie Fragen zu den gemeinsamen Interessen.
- Nutzen Sie die Macht des Schweigens.
- Trennen Sie die Menschen von den Problemen (Menschen nicht persönlich angreifen).
- Weisen Sie auf objektive Kriterien hin (Wie sind die rechtlichen Rahmenbedingungen? Ist das Angebot fair?)

- Konzentrieren Sie sich auf Interessen und Bedürfnisse, nicht auf Positionen.
- Nehmen Sie einen Angriff als Scherz.

Die wichtigsten Interessen in diesem Zusammenhang sind menschliche Grundbedürfnisse wie

- Sicherheit,
- Wirtschaftliches Auskommen,
- Zugehörigkeit,
- Anerkennung,
- Selbstbestimmung,

Die Technik »Verhandlungsjudo« werden Sie umso erfolgreicher umsetzen können, je mehr Sie die Bedürfnisse, Werte, Interessen und Ängste des Verhandlungspartners kennen und je mehr Sie von Ihren eigenen Bedürfnissen, Werten, Interessen, eventuell auch Ängsten in die Verhandlungsarena einbringen. Durch ein großes gegenseitiges Verständnis für die Interessen und Probleme erweitern Sie die Verhandlungsarena. Ein anschauliches Bild dafür ist das **Johari-Fenster** (Abbildung 9). Das Johari-Fenster ist ein Modell für bewusste und unbewusste Persönlichkeits- und Verhaltensmerkmale zwischen einem selbst und anderen beziehungsweise einer Gruppe. Entwickelt wurde es 1955 von den amerikanischen Sozialpsychologen Joseph Luft und Harry Ingham.

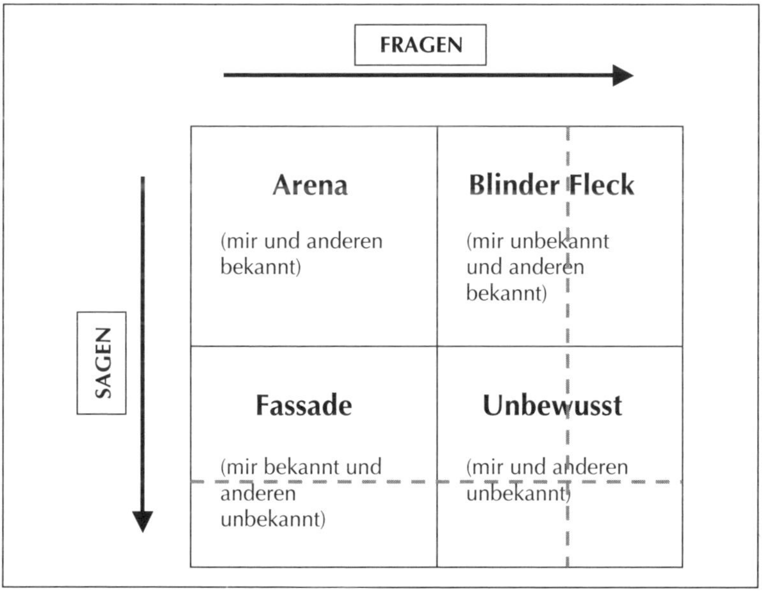

Abbildung 9

Sie können also den Verhandlungsbereich (»die Arena«) vergrößern einerseits durch Fragen, wodurch Sie mehr über das, was Ihnen unbekannt ist, erfahren oder andererseits dadurch, dass Sie Informationen über sich preisgeben. Beides sollte in einem ausgewogenen Verhältnis zueinander ablaufen.

3.3.2.3 Optionen

Ein Anhalter steht an einer Autobahnraststätte an der Auffahrt auf die A8 Richtung Österreich/Brenner-Autobahn mit einem Schild, auf dem in Großbuchstaben »ITALIEN« zu lesen ist. Eine Stunde vergeblichen Wartens auf eine Mitfahrgelegenheit verstreicht, wobei er doch alles richtig macht: Er lächelt, ist ordentlich angezogen, eigentlich stimmt doch alles. Nach einer weiteren Viertelstunde ändert er seine Taktik. Er schreibt ein neues Schild. Dort steht nun: »BERLIN«. Was, glauben Sie, erreicht unser Anhalter damit? Schon der dritte Autofahrer hält jetzt an, kurbelt das Fenster herunter, um unseren Anhalter darauf aufmerksam zu machen, dass er offensichtlich auf der falschen Seite der Autobahn steht. Auf diesen scheinbaren Fehler aufmerksam gemacht, bekundet er: »Oh, da hab ich doch tatsächlich das Schild für die Rückreise genommen«, und ersucht nun den Autofahrer, mitfahren zu können, da er ja in seine gewünschte Richtung fährt. Das klappt dann auch. Was ist also passiert? Das Ziel Italien, der Wunsch nach einer Mitfahrgelegenheit, das sind die Interessen des Anhalters. Mit dem neuen »falschen« Schild spricht unser Anhalter Aspekte des menschlichen Verhaltens wie »Besserwisserei« und »Rechthaberei« an. Einmal angehalten, schnappt die Falle zu: Das Bedürfnis, recht zu haben, ist befriedigt, und nun gibt man sich ungern die Blöße, nur aus Rechthaberei angehalten zu haben, man fährt daher nicht einfach weiter.

Unser Anhalter hat zwei Prinzipien, die in geschäftlichen Verhandlungen eine große Hebelwirkung haben, erfolgreich angewendet. Er hat sich intensiv mit den Interessen der anderen beschäftigt und hat daraufhin Handlungsoptionen entwickelt, um sein Ziel zu erreichen. Nach dem Leitsatz:

Gib den anderen, was sie wollen, aber zu deinen Bedingungen!

Optionen zu entwickeln, erfordert einerseits Kreativität, andererseits eine sehr gute Vorbereitung. »Als wir das Ziel aus den Augen verloren haben, verdoppelten wir unsere Anstrengungen.« Dieses Zitat von Mark Twain beinhaltet unter anderem ein großes Problem: In der Annahme, dass das, was wir geplant und durchgeführt haben, richtig war (na klar, wir haben ja schließlich lange genug abgewogen), denken wir Menschen oft, man müsste es lediglich noch einmal versuchen, diesmal aber intensiver, bewusster, ernsthafter. Paul Watzlawik sagt dazu: »Menschen tendieren dazu, mehr desselben zu unternehmen.« Also eher unkreativ zu handeln. Als ich einmal kurz vor der Pause im

Theater den Saal verlassen wollte, habe ich versucht, die Ausgangstür zu öffnen. Einmal die Klinke runtergedrückt und gerüttelt, zweimal, ich weiß nicht, wie häufig insgesamt ich gerüttelt habe, vergeblich. Nun, die Tür war eben nur verschlossen. Bevor ich jedoch eine andere Option gewählt habe, nämlich die Tür daneben (so einfach kann das manchmal sein!), habe ich mehr desselben versucht. Möglicherweise fallen Ihnen ähnliche Beispiele aus dem Alltag ein.

Ein mittlerweile sehr bekannt gewordenes Beispiel zum Thema »Optionen entwickeln« ist die Geschichte von den streitenden Kindern und der Orange:

Zwei Geschwister, ein fünfjähriges und ein neunjähriges Mädchen, streiten um eine Orange, jede möchte sie haben. Im Sinne einer »gerechten« distributiven Verhandlung einigen sich die beiden mithilfe der Mutter. Jede bekommt eine Hälfte der Orange. Nun schält die eine ihre Hälfte und isst die Orangenspalten, die Schale wird im Biomüll entsorgt. Das andere Mädchen raspelt die Schale und bäckt damit Kuchen, das Fruchtfleisch ihrer Orangenhälfte wirft sie weg. Im Sinne von Interessen des Verhandlungspartners und Optionenentwickeln wäre die im Vergleich zum Feilschen möglicherweise bessere Alternative gewesen, sich gegenseitig eine Frage zu stellen: »Na, was willst du denn mit der Orange anfangen?« So hätten beide am Ende noch mehr von der einen Orange gehabt (die eine die Schale der ganzen Orange und die andere alle Orangenspalten).

Richten Sie Ihre Fragen gezielt auf die Interessen und Bedürfnisse und eröffnen Sie sich damit die Chance auf die Erzeugung eines Mehrwerts. Der zu verteilende »Kuchen« wird dadurch größer.

Eine Trainerkollegin hat mir folgendes Beispiel erzählt: Ein Geschäftsmann, dessen Laden in der Stadt links und rechts von den Geschäften seiner Konkurrenten umgeben ist, verliert immer mehr Umsatz. Besonders als der rechte Nachbar eines Tages ein Schild außen anbringt: »BEI MIR DIE BESTEN WAREN«. Das wird noch schlimmer, als der linke Mitbewerber ebenfalls ein Schild anbringt, auf dem in großen Buchstaben steht: »BEI MIR DIE GÜNSTIGSTEN WAREN«. Völlig verzweifelt überlegt er lange und hat schließlich eine zündende Idee. Er bringt ebenfalls ein Schild an seinem Laden an. Auf dem steht: »EINGANG HIER!«

Nicht mehr die gewohnten, sondern neue Wege ausprobieren, Kreativität und manchmal auch unkonventionelle Handlungen und Aktionen sind also gefragt.

3.3.2.4 Argumente oder Vorschläge

Menschen lassen sich viel eher durch Argumente
überzeugen, die sie selbst entdecken,
als durch solche, auf die andere kommen.
(Blaise Pascal)

»Überzeugung durch Argumente!« oder »Wer argumentiert, verliert!« – was ist richtig? Bei Verhandlungen insbesondere im Verkauf gilt eher der zweite Spruch. Argumente haben nämlich grundsätzlich zwei Schwächen:

1. Zu jedem Argument gibt es ein Gegenargument (ein Argument schlägt das andere).
2. Sie können niemanden zwingen, Ihr Argument zu akzeptieren.

»Mein Argument ist das stärkste«, »recht haben wollen«: Vermeiden Sie das beliebte Spiel Argument – Gegenargument (ja, aber ...) – dies wird eine Wand zwischen Ihrem Gesprächspartner und Ihnen aufbauen und den Verhandlungserfolg in weite Ferne rücken. Argumente werden eingesetzt, um herauszufinden, was die »Wahrheit« ist oder wer recht hat; um beides geht es bei Verhandlungen im Geschäftsleben nicht. Besser geeignet sind Vorschläge, sie können als verpackte Argumente betrachtet werden (Abbildung 10). Ähnlich wie ein verpacktes Geschenk gerne und mit Freude entgegengenommen wird, kann das als Vorschlag verpackte Argument leichter vom Verhandlungspartner angenommen werden. Eine gute Chance, dem Pingpongspiel Argument – Gegenargument zu entkommen.

Abbildung 10

Denken Sie immer an Ihr Ziel: Sie wollen eine gute Vereinbarung erreichen und keinen Sieg. Vor diesem Hintergrund schlägt ein Vorschlag jedes Argument. Nur Vorschläge bringen eine Verhandlung weiter. Sie können entweder selbst einen Vorschlag unterbreiten oder Sie lassen die andere Seite einen Vorschlag machen. Wie ist ein Vorschlag idealerweise strukturiert?

Starten Sie mit einer kurzen Darstellung der Istsituation. Das beinhaltet eine möglichst neutrale Zusammenfassung des bisher Erreichten: dabei sollten auch die Interessen und Bedürfnisse angesprochen werden.

- »Daher schlage ich vor …«.
- Kurze Erläuterung des Vorschlags. In dieser Erläuterung ist das Argument beinhaltet.
- Checkingfrage: »Ist dieser Vorschlag akzeptabel für Sie …?«

Der Vorschlag muss punktgenau formuliert und realistisch sein (das hängt natürlich von der gewählten Strategie ab). Er sollte die Hauptpunkte enthalten und möglichst am Limit der anderen Seite liegen oder Ihrem Forderungskatalog entsprechend formuliert sein. Müssen Sie aus Ihrer Liste etwas streichen, bringen Sie Aspekte aus Ihren Zusatzwünschen ein. Zeigen Sie Flexibilität. Besser sind viele kleine Schritte als ein großes Zugeständnis. Bei einer Zustimmung zu Ihrem Vorschlag können Sie schon eine Vereinbarung abschließen und diese als Zwischenergebnis fixieren. Bei einem »Nein« weiterfragen:

- »was schlagen Sie vor?«
- »was genau erwarten Sie sich?«
- »welchen Punkten könnten Sie zustimmen?«

Kommt ein Vorschlag vom Verhandlungspartner, beachten Sie bitte das wichtigste Prinzip: ausreden lassen, dann eventuell klärende Fragen stellen, zusammenfassen. Sie können entweder den Vorschlag ablehnen, der Verhandlungspartner muss dann nachlegen, oder Sie stimmen zu. Nach einer Zustimmung Ihrerseits nutzen Sie die günstige Gelegenheit, einzelne Positionen und Aspekte aus Ihrer Zusatzwunschliste einzubringen. Eine weitere Möglichkeit, mit Vorschlägen des Verhandlungspartners umzugehen, ist es, Ihre Zustimmung in einen eigenen Gegenvorschlag zu verpacken, also die Aspekte des Vorschlags des Verhandlungspartners aufzunehmen und zusammenzufassen und schon akzeptierte Bedingungen anzufügen. Sie geben damit dem Verhandlungspartner das, was er will, aber zu Ihren Bedingungen.

3.3.2.5 Wenn Sie ..., dann wir ...!

Machen Sie kein Zugeständnis, ohne etwas dafür zu bekommen. Formulieren Sie dabei immer zuerst die Bedingung, dann Ihr Angebot, Ihr Zugeständnis, Ihre Konzession. »Wenn Sie diesen

Punkt einbringen ..., dann bekommen Sie von mir/uns ...!« In dieser Weise formuliert, ist es eine Aussage und wirkt stärker als »Wenn ich/wir Ihnen diese Leistung bieten ..., geben Sie mir dann ...?«. Hier wird Ihre Aussage eher als Frage wahrgenommen. Die Formulierung »wenn Sie, dann wir« gilt in unserem Kulturkreis als eine ganz übliche, bekannte Vorgehensweise: Einer setzt den Preis für die Forderung fest. Der eine gibt also etwas und erwartet eine Gegenleistung vom anderen dafür.

Stellen Sie sich folgende Situation vor: Ein Gast in einem Restaurant verschluckt sich beim Essen an einem Knochen. Er bekommt keine Luft mehr und droht daran zu ersticken, Todesangst stellt sich ein. Ein zufällig anwesender Arzt greift beherzt ein und rettet dem Gast mit ein paar gekonnten Griffen das Leben. Tags darauf kommt dieser Gast zu dem Arzt in die Praxis und fragt: »Was bekommen Sie für Ihre Dienste?« Der Arzt antwortet: »Wenn Sie mir die Hälfte von dem geben, was Sie mir gegeben hätten, als Sie Todesangst hatten, ist das in Ordnung.« Überlegen Sie selbst: Wie viel hätten Sie gegeben? Zum Zeitpunkt, wo Sie in Todesgefahr waren? Und nachher, hätten Sie gleich viel oder vielleicht weniger gegeben?

Zur weiteren Illustration dieses wichtigen Prinzips in Verhandlungen dient folgende Geschichte:

»Eine Geschäftsreise stand an. Für mich war es das vierte Wochenende nacheinander, das ich von meiner Familie getrennt verbringen musste. Und das auch noch kurz vor Weihnachten. Sie können sich vorstellen, ich war nicht sonderlich begeistert. Na ja, ich hab mich dann also doch auf die Reise gemacht, wohl oder übel. Wegen der Vorbereitung auf die Reise und die große Tagung machte ich mir kaum Gedanken. Als ich dann im Flieger saß, dachte ich: »Hmh, fünf Tage Kanada, könnte eigentlich ganz schön werden.« Und beim Betrachten der Agenda fiel mir plötzlich auf: »Da steht ja Schneemobilfahren auf dem Programm.« Das wollte ich schon immer mal machen. Meine Laune verbesserte sich sofort. Schließlich, nach dem Umsteigen in Toronto, in Ottawa gelandet, fuhren wir mit dem Bus etwa zwei Stunden zu unserem Hotel (fast im Niemandsland). Zwei Tage wurde ich noch auf die Folter gespannt und musste auf den Schneemobilausflug warten. Dann ging's endlich los, mit 100 Sachen auf gar nicht mal so breiten Wegen, über zugefrorene Seen, ein Heidenspaß! Nach einer Dreiviertelstunde legte die Gruppe, wir waren so etwa zwölf Fahrzeuge inklusive der einheimischen Führer, eine Pause am Ufer eines zugefrorenen Sees ein. Ein schneidender Wind wehte uns um die Ohren. Wir standen dicht an dicht, um der eisigen Kälte, die durch unsere Goretexoveralls kroch, wenigstens einigermaßen zu trotzen. Nach kurzer Zeit konnten wir etwas am anderen Ufer des Sees ausmachen, und es bewegte sich. Es bewegte sich in unsere Richtung. Erst war kaum zu erkennen, was da unterwegs war, nach einiger Zeit konnten wir ein Hundeschlittengespann mit drei Schlitten erkennen. Echte kanadische Ranger mit echten kanadischen Rangeruniformen. Beim Näherkommen bemerkten wir, dass die Ranger ein ziemlich hohes Tempo angelegt hatten. Ich weiß noch genau, ich drehte mich um, in Richtung eines kleinen Wäldchens, und da sah ich ihn: ein riesiger, ausgewachsener Grizzlie! Keiner bewegte sich! Alle warteten bewegungsunfähig und starrten gespannt auf das, was jetzt passieren würde. Die Hundeschlittenführer nahmen, im Gegensatz zu unserer Gruppe, von diesem neugierigen Zuschauer offensichtlich keine Notiz. Sie fuhren, ohne die Geschwindigkeit zu ändern, an unserer Gruppe vorbei. Beim Vorübergleiten bemerkten wir, dass auf dem letzten der drei Schlitten ein toter Hirsch lag. Wahrscheinlich frisch erlegt. Diesen Hirsch konnte auch unser Zaungast, der Bär oder die Bärin, sehen oder besser wahrscheinlich riechen, und er oder sie dachte sich möglicherweise: Nichts wie hinterher! Bevor das Schlittengespann und der sie verfolgende Bär hinter einer kleinen Anhöhe verschwunden waren, beobachtete ich noch, wie einer der Ranger auf dem letzten Schlitten eine große Keule des erlegten Hirschs mit seinem Messer auslöste und es dem Bären zum Fraß vorwarf.«

Ende der Geschichte: Wir wissen nicht: Hat sich der Bär auf die »Hirschkeule« gestürzt oder ist er dem weit größeren Braten weiter hinterhergelaufen? In den Verhandlungskontext übertragen, illustriert diese Geschichte:

Niemals ein Zugeständnis ohne Gegenleistung. Zuerst die anderen, dann wir ...!!!

Die größten Fehler entstehen durch Gutmütigkeit.
(Carl von Clausewitz)

Machen Sie keine Zugeständnisse, ohne etwas dafür zu bekommen oder etwas vereinbart zu haben. Formulieren Sie präzise, was Sie wollen, und erwarten Sie nicht automatisch Dankbarkeit. Vermeiden Sie Handlungen nach der Devise: »Na ja, ich gebe jetzt ein paar Zugeständnisse, dann werde ich schon etwas dafür zurückbekommen.« Das mag zwar ein »ehrbares« Vorgehen sein, es wird Sie in geschäftlichen Verhandlungen jedoch eher in eine Verliererposition bringen.

3.3.2.6 Sackgasse, was nun?

Unser größter Sieg besteht nicht darin, niemals zu fallen, sondern darin, immer wieder aufzustehen.
(Konfuzius)

Trotz aller Bemühungen um gemeinsame Interessen, dem Einsatz kooperativer Verhandlungstechniken und dem ehrlichen Interesse am Verhandlungspartner kommen Verhandlungen manchmal zum Stillstand oder alles dreht sich anscheinend endlos im Kreis. Der Verhandlungspartner will nicht so, wie Sie wollen. Was nun? Verschiedene Handlungsmöglichkeiten stehen zur Verfügung:

- Verhandlungspause oder Vertagung vorschlagen.
- Einen Kompromiss anstreben.
- Zusammenfassen des bisher Erreichten.
- Den Einsatz eines Vermittlers oder Mediators vorschlagen.
- Den Verhandler austauschen.
- Schon vereinbarte Zwischenergebnisse fixieren.
- Ein Scheitern der Verhandlungen selbst in Kauf nehmen.
- **Bitte beachten Sie immer: Beim Verlassen des Raums und in den Pausen die eigenen Unterlagen mitnehmen!**

Wenn Sie ein Scheitern der Verhandlung in Kauf nehmen (kein Geschäft um jeden Preis!), sind Sie nicht erpressbar. In jedem Fall sollten Sie bei einem Ausstieg Gesichtsverlust vermeiden, sowohl den eigenen wie auch den des Verhandlungspartners, um damit die Chancen für eine spätere Fortsetzung oder Neuaufnahme der Verhandlung zu bewahren: »Unter diesen Umständen können wir leider nicht weiterverhandeln; wenn sich die Umstände und Rahmenbedingungen ändern, sind wir gerne wieder bereit …«

3.3.3 15 Verhandlungstaktiken

Wer als einziges Werkzeug einen Hammer besitzt,
für den sieht jedes Problem aus, wie ein Nagel.
(Abraham Maslow)

Die Verhandlungstaktik ist eine konkrete Umsetzung Ihrer Strategie. Taktiken sind Aktionen, Handlungen, Vorgehensweisen, die Sie durchführen, um an Ihr Ziel zu gelangen. Je mehr Taktiken Sie kennen, umso besser erkennen Sie deren Anwendung durch den Verhandlungspartner und umso besser können Sie angemessen reagieren. Je mehr Taktiken Sie selbst anwenden können, desto flexibler und letztendlich erfolgreicher werden Sie sein. Wichtig dabei ist, dass Sie ganz sicher in der Anwendung sind, damit die Taktik authentisch ist und wirksam sein kann. Es gibt keine gute oder schlechte Taktik, vielmehr wird eine Taktik in einer bestimmten Verhandlungssituation wirksamer sein als eine andere. Neben einer erfolgreichen Anwendung der Taktiken ist insbesondere das Erkennen der Anwendung von Taktiken des Verhandlungspartners wichtig, um entsprechend reagieren zu können. Die Wahrnehmungsgenauigkeit in Bezug auf Verhalten und Aussagen Ihres Verhandlungspartners ist der Schlüssel dazu.

Im Folgenden werden 15 Taktiken in Ihrer Anwendung erläutert. Ebenso werden die Möglichkeiten einer passenden Reaktion Ihrerseits auf die Anwendung dieser Taktik durch den Verhandlungspartner dargestellt. Weitere Praxisbeispiele zu jeder Taktik finden Sie im zweiten Teil dieses Buchs (Übungen).

Die Verhandlungstaktik »Guter Polizist, böser Polizist« ist zwar sehr bekannt, aber auch leicht zu durchschauen. Eine Anwendung ist ungeeignet für den Aufbau einer tragfähigen Geschäftsbeziehung, da die Beziehungsebene zum Geschäftspartner dauerhaft gestört werden kann. Die Taktik stammt aus dem polizeilichen Umfeld. Mit der Anwendung wird sehr großer Druck auf den Verhandlungspartner ausgeübt, daher wird sie insbesondere bei Verhören eingesetzt. Ein Verhandlungspartner (»böser Polizist«) beginnt als Verhandlungsführer, der zweite hält sich im Hintergrund. Er übt sehr starken Druck aus, droht und greift sein Gegenüber persönlich an. Dann übernimmt der andere Verhandlungspartner (»guter Polizist«) die aktive Rolle, er gibt seinem Kollegen zu verstehen, er solle aufhören, so starken Druck aufzubauen. Jetzt wird mit gefühlvollem Auftreten dem Verhandlungspartner verständlich gemacht: Wenn er nur nachgibt oder Zugeständnisse macht, kann sehr schnell ein positives Verhandlungsergebnis erzielt werden. Sollten sie bemerken, dass Ihr Verhandlungspartner dieses Spiel spielen möchte, dann lassen Sie sich nicht darauf ein. Weisen Sie darauf hin, dass Sie die Taktik durchschauen, und sprechen Sie das gemeinsame Interesse an einer Gewinner-Gewinner-Lösung an.

3.3.3.1 Umarmung und Schmeicheleien

Die kürzeste Verbindung zwischen
zwei Menschen ist ein Lächeln.

(Volksmund)

Menschen brauchen Harmonie, und mit Charme können Sie viel erreichen.

Anwendung	**Reaktion**
Nutzen Sie das Harmoniebedürfnis von Menschen.	Wehren Sie sich gegen zu viele Zuwendungen und Freundlichkeiten sowie Geschenke im Vorfeld. Vermeiden Sie ein Gefühl der Verpflichtung.
Sie geben Annehmlichkeiten, Geschenke oder sprechen Einladungen aus und fordern später eine Gegenleistung dafür (als Bitte formuliert).	Leicht zu durchschauende Technik. Nehmen Sie das Geschenk an und sagen Sie »danke«, ohne sich weiter verpflichtet zu fühlen.

3.3.3.2 Versprechungen

Versprechungen verpflichten nur den, der an sie glaubt.

(Jacques Chirac)

Anwendung	**Reaktion**
Versprechen Sie nur, was Sie auch wirklich halten können.	Seien Sie kritisch. Vertrauen ist gut, Kontrolle ist besser.
Tipp: Sparsam einsetzen und lassen Sie Taten folgen.	Bewahren Sie sich immer eine gesunde Portion Skepsis.

3.3.3.3 *Rücksprache wegen mangelnder Kompetenz*

Bewusst eingesetzt ist diese Taktik eher nicht dienlich zur Erreichung eines Gewinner-Gewinner-Ergebnisses. Nachdem der Verhandlungspartner seine Forderungen dargelegt hat und über Zugeständnisse und Zusatzwünsche verhandelt wurde, eröffnet eine Partei, dass jetzt keine Entscheidung getroffen werden kann, da kein Verantwortlicher am Tisch sitzt. Somit hat der Anwender dieser Taktik alle Informationen über den Verhandlungspartner und kann sich jetzt in Ruhe auf die weitere Verhandlung vorbereiten. Mit dieser Taktik lassen Sie Ihren Verhandlungspartner ins Leere laufen, sie wirkt im europäischen Umfeld tendenziell hinterhältig. Im asiatischen Raum wird diese Technik allerdings sehr häufig eingesetzt. Vorbeugend können Sie in der Vorbereitung auf die Verhandlung ganz gezielt nach den Teilnehmern und deren Entscheidungskompetenz fragen.

Anwendung	**Reaktion**
Sie gewinnen Zeit, um weitere Informationen oder Angebote einzuholen.	Verhandlung vertagen. Nach dem Entscheider fragen. Bei der nächsten Runde auf der Teilnahme des Entscheiders bestehen.
Die Anwendung verzögert die Ergebnisfindung.	Fragen Sie Ihren Verhandlungspartner: »Bis zu welchem Punkt sind Sie selbst denn entscheidungsfähig?« »Wie kann es Ihrer Meinung nach jetzt weitergehen?«
Möglicherweise leidet Ihre wahrgenommene Kompetenz.	Nicht gleich aufgeben und nach den Bedürfnissen und Interessen des Entscheiders fragen.
Tipp: Sehr sparsam anwenden.	Kompetenzabschluss versuchen: »Angenommen, Sie könnten jetzt entscheiden, wie würden Sie sich entscheiden?«

Anwendung	Reaktion
	Im Sinne eines Gewinner-Gewinner-Prinzips Ihr Bedauern über das Vorgehen Ihres Verhandlungspartners äußern.

3.3.3.4 Genau und spezifisch

Formulieren Sie sehr klar und eindeutig, was Sie wollen; damit steigt die Chance, dass Sie das Gewünschte auch wirklich bekommen. Vermeiden Sie vage Aussagen und Weichmacher wie »eigentlich«, »ungefähr«, »in etwa«, »möglichst viel«, »möglichst wenig«, »etwas mehr« et cetera.

Anwendung	Reaktion
Erhöhen Sie Ihre Erfolgschancen, indem Sie genau und spezifisch formulieren, was Sie möchten.	Bedanken Sie sich für die klare und präzise Darstellung des Vorschlags.

3.3.3.5 Treffen in der Mitte

Das »Treffen in der Mitte« ist eine häufig verwendete Taktik und möglicherweise eine Einladung zum Feilschen. Das Ergebnis ist meist ein Kompromiss. Achtung: Wenn eine Forderung eines Partners weit weg von der Realität ist, also extrem überzogen oder extrem niedrig ausfällt, erzeugen Sie mit dieser Taktik eine Win-loose-Situation.

Anwendung	**Reaktion**
Wenn für Sie die Mitte beider Forderungen ein gutes Ergebnis darstellt, sagen Sie: »Seien Sie fair, treffen wir uns in der Mitte.«	Wenn es keinen rational nachvollziehbaren Grund gibt, warum die Mitte richtiger sein sollte, fragen Sie, wieso Sie sich in der Mitte treffen sollten.
Die Mitte wird oft als fair empfunden, viele Verhandler streben zur Mitte.	Lassen Sie sich nicht automatisch auf dieses Spiel ein!
Sie können damit einen einfachen Kompromiss erzielen.	Fragen Sie Ihren Verhandlungspartner: »Welche anderen Möglichkeiten gibt es noch?«
»Alles, was wir wollen, ist Fairness«	Wo steht, dass die Mitte fair ist?

3.3.3.6 Offene Tür

Es ist Unsinn, Türen zuzuschlagen, wenn man sie angelehnt lassen kann.« (J. William Fulbright)

Für erfahrene Verhandler ist es selbstverständlich, sich immer eine Option offen zu halten. Die Tür nicht mit einem Nein zuzuschlagen und eine gute Möglichkeit zu finden, um Zeit zu gewinnen und ein abschließendes »Nein« erst einmal zu vermeiden.

Anwendung	Reaktion
Um nicht sofort zu einem Vorschlag der Gegenseite »nein« zu sagen, stellen wir uns nur vor, wir würden »nein« sagen.	Für den Vorschlag bedanken und auf eine klare Zustimmung hinarbeiten.
»Mal angenommen, ich lehne ab, was würde das bedeuten ...?« »Vorausgesetzt, wir stimmen nicht zu, wäre das dann ...?«	Ebenso hypothetisch antworten. »Wenn Sie heute nicht zustimmen, könnte das heißen ...« Eventuell einen Gegenvorschlag formulieren.
»Um diesen Vorschlag zu akzeptieren, brauche ich noch mehr Infos ...« »... da muss ich mich erst bei meinem Geschäftsführer/Techniker rückversichern/erkundigen.«	Die Wichtigkeit betonen, jetzt eine Entscheidung zu erzielen. »Wenn Sie sich heute entscheiden, können wir das genau für Sie ermöglichen.«

3.3.3.7 Zeit und Termindruck

Gemeint ist einerseits die zur Verfügung stehende Zeit für eine Verhandlung und andererseits die Taktik »Termindruck«, die bewusst innerhalb der Verhandlung eingesetzt wird. Meist ist die Dauer der Verhandlungsgespräche schon im Vorfeld festgelegt und wird in der Vorstellung der Agenda nochmals angesprochen. Planen Sie bei einer fair geführten Verhandlung spätestens nach 90 Minuten eine mindestens viertelstündige Pause ein. Fair heißt auch: die Durchführung der Verhandlung zu normalen Arbeitszeiten (neun bis 16 Uhr) zu planen. Adenauer wählte für schwierige Verhandlungen gern einen Termin nach 18 Uhr: »*Da sind die Älteren schon wat müde, und die Jüngeren denken an den Feierabend.*« Eine Verhandlung kann zeitlich offen gestaltet sein, zum Beispiel mit mehreren Verhandlungsrunden. Durch eine zeitlich enge Begrenzung kann ein größerer Erfolgsdruck entstehen oder erzeugt werden. Termindruck erzeugen Sie beispielsweise durch

- bewusstes Auf-die-Uhr-Sehen,
- unruhig werden,
- zur Tür schauen,
- telefonieren, SMS schreiben, Nachrichten am Mobiltelefon abrufen,
- ein dringendes, nicht geplantes Meeting vorschieben.

Anwendung	**Reaktion**
Sprechen Sie den Zeitrahmen aktiv an, Sie erzeugen damit Entscheidungsdruck.	Lassen Sie sich nicht durch vorgeschobenen Zeitdruck zu einer Entscheidung drängen. Cool bleiben!
Eine Entscheidung bis zu einem bestimmten Zeitpunkt fordern.	Betonen Sie die Priorität der Inhalte vor dem zeitlichen Faktor und legen Sie einen Termin für weitere Gespräche fest.
»Wenn Sie das Produkt zu dem Termin benötigen, dann …« »Innerhalb der nächsten … Minuten/Stunden sollten wir zu einer Entscheidung kommen.«	Streben Sie eine Vereinbarung nur für einen Teil an. Halten Sie ein Zwischenergebnis schriftlich fest.
Setzen Sie Pausen bewusst ein.	Nutzen Sie eine Verhandlungsunterbrechung, um selbst zu reflektieren.

3.3.3.8 Präzedenzfall

Der Präzedenzfall ist aus dem juristischen Bereich bekannt. Auf den Verhandlungskontext übertragen, bedeutet die Anwendung der Taktik »Präzedenzfall« Bezug nehmen auf eine Entscheidung oder auf eine Situation aus der Vergangenheit. Vorausgesetzt wird hierbei, dass beiden Situationen vergleichbare Bedingungen und Umstände zugrunde liegen.

Anwendung	**Reaktion**
Nehmen Sie Bezug auf ein Ergebnis aus der Vergangenheit: »Früher haben wir auch 25 Prozent bekommen«. Oder: »Die Konkurrenz bietet aber ...«	Stellen Sie die Vergleichbarkeit der unterschiedlichen Verhandlungsergebnisse infrage. »Korrigieren Sie mich, wenn ich falsch liege; aus meiner Sicht ist xy hier in unserem Fall nicht anwendbar.«
Achtung: Mit Geschenken oder vorschnellen Zugeständnissen erzeugen Sie möglicherweise selbst den Präzedenzfall für die nächste Verhandlung. Geschenke und Zugeständnisse stimmen positiv. Kommen sie unmotiviert, erzeugen Sie eher Gier beim Verhandlungspartner als Dankbarkeit.	

3.3.3.9 Drohungen

Diese Taktik wird bei konfrontativer Verhandlungsführung angewendet. Der Verhandlungspartner wird stark gedrängt, sich zu entscheiden oder entsprechend auf die Forderungen des anderen Verhandlungspartners einzugehen. Oft wird hier eine Machtposition ausgenutzt (Hierarchie, Liefermonopol, Großabnehmer).

Gerne wird diese Taktik auch von Einkäufern bei Jahresgesprächen angewendet, um großen Druck zu erzeugen.

Anwendung	**Reaktion**
»Wenn Sie das Angebot nicht annehmen, dann streichen wir die Sonderkonditionen.« »... dann kündige ich alle Geschäftsbeziehungen mit Ihnen.« »Wenn Sie mir da nicht entgegenkommen, unterschreibe ich bei Ihrem Mitbewerber.«	Verständnis signalisieren und auf gemeinsame Interessen hinweisen. Handlungsalternativen erfragen, Optionen diskutieren. Auf positive gemeinsame Erfahrungen aus der Historie der Geschäftsbeziehung zurückblicken.
»Ich weigere mich, weiter mit Ihnen zu verhandeln.«	Gründe für die Drohung hinterfragen, auf gemeinsame Interessen hinweisen. Optionen diskutieren.
Nach Aussprechen einer Drohung müssen Sie auch bereit sein, die Drohung wahr zu machen, sonst ist Ihre Glaubwürdigkeit infrage gestellt.	Formulieren Sie explizit mögliche Folgen für beide Seiten für das Scheitern.
»Nehmen Sie an oder lassen Sie's!«	Ein Ausstiegsszenario einkalkulieren. Kein Geschäft um jeden Preis.

3.3.3.10 Wechselseitigkeit

»Wie du mir, so ich dir« ist das Motto dieser Taktik.

Bei einer Verhandlung um Zinskonditionen für ein Darlehen sagt der Banker: »Lieber Kunde, Sie werden doch nicht wegen einem Viertelprozent herumfeilschen?« Daraufhin der Kunde: »Und was tun Sie gerade?«

Anwendung	Reaktion
Wenn Sie eine extrem hohe Forderung erhalten, argumentieren Sie nicht dagegen, sondern stellen Sie spiegelbildlich eine ebenso extreme Forderung Ihrerseits.	Ergreifen Sie die Initiative zu einem realistischen Gegenvorschlag.
Drehen Sie den Spieß um.	Lächeln Sie einfach und schweigen Sie.
Sie blockieren damit möglicherweise die Verhandlung.	Weisen Sie auf eine gemeinsame Lösung und auf ein angestrebtes Gewinner-Gewinner-Ergebnis hin.

3.3.3.11 Die Teile oder das Ganze

Diese Taktik läuft ganz unter dem Motto »Weniger ist mehr«. Teilen Sie Ihr Anliegen in kleine Häppchen auf. (Frage: »Wie isst man einen Elefanten?« Antwort: »In kleinen Portionen.«)

Anwendung	Reaktion
Um Zustimmung zu erhalten ist es besser die Verhandlungsmasse in kleinere Portionen aufzuteilen. Auch als Salamitaktik bekannt.	Versuchen Sie den Gesamtbedarf zu ermitteln. Weisen Sie darauf hin, dass für den aktuellen Auftrag und für zukünftige Aufträge Planungssicherheit wichtig ist.
Ein Hase läuft hinter einer Karotte ebenso schnell hinterher wie hinter einem ganzen Sack voll.	Erhöhen Sie die Verhandlungsmasse, um bessere Konditionen zu bekommen. Betonen Sie die Wichtigkeit einer langfristigen Zusammenarbeit.

3.3.3.12 Dazugeben oder Wegnehmen

Anwendung	**Reaktion**
Dazugeben	
Wenn Sie zu niedrig eingestiegen sind, können Sie mit Aspekten aus Ihrer Zusatzwunschliste Ihr Verhandlungsergebnis verbessern.	Auf das erste Angebot hinweisen, dort Zustimmung signalisieren.
Nach bereits erfolgter Einigung nachgeschobene Forderungen stellen (Callgirl-Regel).	Immer nach zusätzlichen Investitionen oder Folgekosten fragen.
Wegnehmen	
Wenn Sie zu hoch eingestiegen sind, können Sie durch Einführung von Bedingungen das Angebot reduzieren: »Wenn wir die Ressourcen Ihrer Firma mitnutzen, können wir unser Angebot um xy reduzieren.«	Ermuntern Sie Ihren Verhandlungspartner: »Was kann ich tun, um ein besseres Angebot zu bekommen?« Nachträglich eingeführte Bedingungen als Zugeständnis betrachten und eine Gegenleistung dafür einfordern. Eine gute Chance, eigene Zusatzwünsche jetzt zu realisieren.

3.3.3.13 Versuchsballon

In der Meteorologie lässt man Wetterballone in die Atmosphäre steigen, um Daten für die Wettervorhersage zu erhalten. In der Politik wird diese Taktik gerne benutzt, um vor unpopulären Entscheidungen die Reaktion der verschiedenen politischen Lager zu testen, indem zum Beispiel durch eine geplante kleine Indiskretion Inhalte der Entscheidung verfrüht nach außen dringen. Ganz analog dazu ist die Anwendung dieser Taktik in Verhandlungen zu sehen. Nur mal testen!

Anwendung	**Reaktion**
Testen Sie, welche Auswirkungen eine bestimmte Entscheidung, ein bestimmter Vorschlag für den Verhandlungspartner hat.	Weisen Sie auf das Hier und Jetzt hin. Verlangen Sie konkrete Vorschläge, akzeptieren Sie keine hypothetischen Konstrukte.
Verwenden Sie dazu den Konjunktiv. Malen Sie ein Bild der Zukunft und testen Sie die Akzeptanz: »Angenommen, dass ...« »Nur mal gedacht, ...« »Was wäre, wenn ...«	Ist das Angebot für Sie akzeptabel, stimmen Sie zu und vereinbaren Sie die Umsetzung.
»Eine faire Lösung wäre möglicherweise ...« »Was geschähe, wenn wir uns einigen, was wenn nicht?«	»Was konkret ist also Ihr Vorschlag?«

3.3.3.14 Lügen

Anwendung	**Reaktion**
Häufig verwendet, indem Zahlen, Daten, Fakten verzerrt, geschönt werden. Alternativangebote werden erfunden. Gefälschte Fakten. Unklare Vollmachten. Unvollständige Informationen.	Glauben Sie nicht alles, was Ihr Verhandlungspartner sagt, und lassen Sie sich die angesprochenen Statistiken, Angebote et cetera zeigen. Nehmen Sie sich Zeit zur genauen Überprüfung.
Lügen haben in einer fairen Verhandlung nichts zu suchen!	Sagen Sie, dass Ihr Verhandlungspartner vertrauenswürdig ist, Sie aber durchaus schon schlechte Erfahrungen mit anderen gemacht haben. »Ich möchte schon sicher sein, dass ich nicht mehr bezahle, als ich muss.«
	Gemeinsame Interessen suchen, auf die Wichtigkeit langfristiger, guter Geschäftsbeziehungen hinweisen.

3.3.3.15 Reißleine

Diese Taktik können Sie gut bei ins Stocken geratenen Verhandlungen einsetzen. Stellen Sie sich die Frage: »Kann mein Verhandlungspartner nicht, oder will er nicht?«

Anwendung	**Reaktion**
Sprechen Sie Ihre Beobachtungen (Ichbotschaften) an und kündigen Sie das Ende der Verhandlung an. »Meine Wahrnehmung ist/mein Gefühl sagt mir, wir können hier und heute keine Einigung erzielen. Wie sehen Sie das?«	Gesprächsbereitschaft und Flexibilität signalisieren. Gemeinsam nach einer Lösung suchen.
»Unter diesen Umständen ist für uns eine weitere Verhandlung nicht denkbar.« Dann schweigen Sie.	Möglicherweise eine Pause oder eine Terminverschiebung initiieren.
Ausstiegsszenario vorbereiten.	Den Verhandlungsführer durch eine andere Person ersetzen. Einführung eines Moderators oder Vermittlers vorschlagen.

3.4 Phase IV: Ergebnis

Wie in einem Verkaufsgespräch, so werden auch bei Verhandlungen Übereinstimmungs- und Abschlusssignale oft übersehen. Ein sehr häufiges Signal in einer Verhandlung kann eine Frage des Verhandlungspartners zu einem eher unbedeutenden Detail Ihres Angebots sein: »Kommen da noch andere Kosten auf mich/uns zu?«
»Ist das einschließlich Transport und Verpackung?«
»Gilt das auch rückwirkend?«

Jetzt nicht in die Falle tappen und mit Ja oder Nein antworten. Denken Sie an: »Wenn Sie …, dann wir …!«
»Wenn Sie meinem Vorschlag zustimmen, dann schließt das alle Kosten ein.«
»Wenn Sie das Angebot jetzt annehmen, dann gilt das auch rückwirkend.«

Manche Verhandler sind so »gut«, dass sie, nachdem der Verhandlungspartner den Forderungen zugestimmt hat, meinen, auf der Gewinnerstraße zu sein. Dann wird noch versucht, eine Zusatzvereinbarung anzubringen oder andere Forderungen nachzulegen. Im Grunde eine lobenswerte, geschäftstüchtige Eigenschaft, leider nur kurzfristig erfolgreich. Beachten Sie, dass die Grenze zur Gier nicht überschritten wird, und legen Sie damit den Grundstein für eine langfristige, tragfähige Kundenbeziehung.

In der letzten Phase des Vier-Phasen-Modells für erfolgreiche Verhandlungsführung, der Ergebnisphase, werden die Ergebnisse der Verhandlung zusammengefasst, und die Entscheidung des Verhandlungspartner wird aktiv positiv bestätigt. Nach dem Abschluss führen Sie eine intensive Analyse und eine Reflexion des Verhaltens des Verhandlungspartners, des Verhandlungsablaufs und des eigenen Verhaltens durch.

3.4.1 Zusammenfassung

Wenn Sie eine Vereinbarung erwirkt haben (ein Aspekt, mehrere oder alle), fassen Sie das Erreichte möglichst objektiv kurz zusammen. Erstellen Sie eine schriftliche Zusammenfassung über die Ergebnisse, Vereinbarungen und die Umsetzungsschritte und stellen Sie diese Zusammenfassung beiden Parteien zur Verfügung. Die Zusammenfassung von bisher erreichten Gemeinsamkeiten und Ergebnissen ist sehr gut auch für Zwischenergebnisse im Verlauf der Verhandlung geeignet. Sie verschaffen sich und Ihrem

Verhandlungspartner kleine Erholungspausen und eröffnen die Möglichkeit, über das Erreichte nachzudenken. Damit vermitteln Sie Professionalität und erhalten selbst eine Rückmeldung, ob Sie auf dem richtigen Weg sind. Im Computerzeitalter kann im Idealfall das Protokoll schon am Ende der Verhandlung erstellt sein. Sie können es dann verlesen und vom Verhandlungspartner abzeichnen lassen. Selbstverständlich enthält es nur die Fakten; vermeiden Sie Interpretationen der Ergebnisse, denn damit würden Sie einen Erfolg nachträglich aufs Spiel setzen.

3.4.2 Bestätigen

Die Dissonanztheorie geht (in Form der aus dem Verkauf bekannten kognitiven Nachkaufreue) davon aus, dass ein Individuum, das eine Entscheidung getroffen und umgesetzt hat, immer ein Reuegefühl empfindet (Leon Festinger, 1957). Eine so genannte kognitive Dissonanz tritt unter anderem auf, wenn man eine Entscheidung getroffen hat, obwohl die nicht gewählten Alternativen ebenfalls attraktiv waren oder im Nachhinein weitere Informationen über die Entscheidung zugänglich sind, die zu den ursprünglich der Entscheidung zugrunde liegenden Informationen in Widerspruch stehen. Diese Dissonanz wird als störend empfunden. Gefühle wie übervorteilt worden zu sein, über den tatsächlichen Bedarf hinaus gekauft oder beteiligte Partner nicht hinreichend berücksichtigt zu haben, nicht die besten Konditionen erzielt oder nicht zum richtigen Zeitpunkt abgeschlossen zu haben, können entstehen. Was können Sie tun, um zu verhindern, dass diese »Nachkaufreue« bei Ihrem Verhandlungspartner entsteht oder mindestens verringert wird? Eine Möglichkeit ist die explizite Bestätigung der Richtigkeit der Entscheidung für den Verhandlungspartner. Erläutern Sie kurz die positiven Aspekte der Entscheidung und den Nutzen für ihn und seine Firma. Damit kann die andere Partei die eigene Entscheidung sowohl vor sich selbst als auch im sozialen Umfeld rechtfertigen. Die Bestätigung können Sie unmittelbar nach dem Abschluss der Vereinbarung aussprechen oder in einer kurzen schriftlichen Nachricht im Anschluss an die Verhandlung formulieren.

Was Sie immer beachten sollten: Zeigen Sie niemals ein Gewinnerlächeln. Erzeugen Sie kein Gefühl eines Siegs, sondern bedanken Sie sich für die Kooperation und die faire Verhandlungsführung.

3.4.3 Analyse und Selbstreflexion

Es war einmal ein erschöpfter Holzfäller, der Zeit und Kraft verschwendete, weil er mit einer stumpfen Axt einschlug. Denn, wie er sagte, habe er keine Zeit, die Schneide zu schärfen.

(Anthony de Mello)

Die Zeit, die Sie in die Selbstreflexion Ihres Verhaltens und die Analyse konkreter Verhandlungssituationen investieren, ist gut angelegte Zeit und sie wird sich sehr positiv auf die Ergebnisse in zukünftigen Verhandlungen auswirken. Die Nachbearbeitung und Analyse einer konkreten Verhandlungssituation sollten Sie immer sehr zeitnah, wenn möglich unmittelbar im Anschluss an die Verhandlung durchführen, da zu diesem Zeitpunkt die Eindrücke noch frisch sind und Sie sich zu diesem Zeitpunkt an alle Details am ehesten erinnern.

Das bedeutet aber in keinem Fall, schon im Fahrstuhl oder in der Eingangshalle des Kunden mit der Reflexion zu beginnen!

Die Gefahr, dass Ihr Verhandlungspartner Teile Ihrer Analyse und Auswertung durch Mitarbeiter berichtet bekommt, die »zufällig« mitgehört haben, ist sehr groß. Manche Verhandler nutzen eine solche Chance aktiv, indem sie eine scheinbar unbeteiligte Person damit beauftragen, Sie zum Ausgang zu begleiten, um auf diesem Weg wichtige Informationen von allzu gesprächigen Verhandlungspartnern zu bekommen.

Für eine detaillierte Analyse der konkreten Verhandlungssituation lassen Sie die Verhandlung noch einmal vor Ihrem geistigen Auge ablaufen. Stellen Sie sich dabei Fragen wie:

- Habe ich meine Ziele erreicht?
- Was habe ich dafür bekommen?
- Was ist besonders gut gelaufen?
- Was kann ich beim nächsten Mal besser machen?

Gut geeignet für die allgemeine Selbstreflexion sind folgende Fragen:

- Wie zufrieden bin ich mit den Ergebnissen meiner Verhandlungen?
- Wie erfolgreich bin ich, wenn ich eine schwierige Situation meistern muss, wenn wirklich viel auf dem Spiel steht?
- Wie gerne verhandle ich?
- Was ist meine bevorzugte Strategie?
- Wie werde ich als Verhandlungspartner gesehen?
- Wie gut bereite ich mich auf Verhandlungen vor?
- Wie reagiere ich bei persönlichen Angriffen?
- Wie groß ist meine emotionale Stabilität bei Verhandlungen?
- Wie habe ich es geschafft, die Kundenbeziehung zu festigen oder auszubauen?

Die Beantwortung dieser Fragen versetzt Sie in die Lage, in zukünftigen Verhandlungen noch bewusster zu agieren. Machen Sie sich Ihre Stärken bewusst. Ermitteln Sie auch selbstkritisch die Stolpersteine in der Verhandlung und Ihr individuelles Verbesserungspotenzial. Die Analyse Ihrer Verhandlungen können Sie mithilfe folgender Checkliste (Abbildung 11) professionalisieren:

Checkliste Analyse und Selbstreflexion

Was habe ich erreicht?

____

____

____

____

Welchen »Preis« habe ich dafür bezahlt? Welche Zugeständnisse habe ich gemacht?

____

____

____

____

Was habe ich dafür bekommen?

____

____

____

____

Meine Stärken in den vier Verhandlungsphasen?
Phase I: Vorbereitung

____

____

____

____

Phase II: Einstieg

____

____

____

____

Phase III: Verhandlung (Strategie? Taktik? Aktives Zuhören? ...)

____

____

____

____

Phase IV: Ergebnis (Signale? Zusammenfassung? ...)

____

____

____

____

Mein eigenes Verbesserungspotenzial?

____

____

____

____

Welche neuen Erkenntnisse habe ich über meinen Verhandlungspartner erhalten?

____

____

____

____

Abbildung 11

4.
Verhandlungen im Team

Bei Verhandlung im geschäftlichen Umfeld sind oft mehr als ein Verhandlungspartner beteiligt. Neben dem Einkäufer ist möglicherweise der Geschäftsführer, Abteilungsleiter, Projektleiter oder Techniker im Verhandlungsteam involviert. Die Anzahl und die Funktion der Gesprächspartner sind grundsätzlich in der Vorbereitung zu klären, wobei der oder die Entscheider bekannt sein sollte(n). Dieser muss in der konkreten Situation nicht unbedingt der Geschäftsführer sein. Schon aus dem Gesichtspunkt des zahlenmäßigen Kräftegleichgewichts ist es sinnvoll, unter diesen Voraussetzungen ebenfalls im Team aufzutreten. Insbesondere wenn es um sehr technische Fragestellungen geht, empfiehlt es sich, die technischen Detailfragen im Vorfeld der Verhandlung zwischen den Experten klären zu lassen. Bei Verhandlungen im Team sind zusätzlich zur Vorbereitung auf die Verhandlung auch eine detaillierte Absprache zwischen den Mitgliedern des Verhandlungsteams und eine klare Vereinbarung der Rollen notwendig. Während der Verhandlung muss sich jedes Teammitglied besonders diszipliniert verhalten, insbesondere die Rollenverteilung sollte erkennbar sein. Die vier Phasen der Verhandlungsführung sind hierbei identisch zu bilateral geführten Verhandlungen. Der Unterschied bei Verhandlungen im Team ist die Verteilung der Aufgaben auf mehrere Personen (»Der Star ist das Team«). Die Rollenverteilung muss vor der Verhandlung klar sein und von allen akzeptiert sein. Die drei Rollen sind:

- der Verhandlungsführer,
- der Zusammenfasser und
- der Beobachter.

Die Verteilung der Rollen ist an keine hierarchische Gegebenheit gebunden; der Chef muss nicht unbedingt der Verhandlungsführer sein.

Die Aufgaben in den unterschiedlichen Rollen sind:

Der Verhandlungsführer ist verantwortlich für den Einstieg, macht Vorschläge, stellt den Forderungskatalog vor, setzt Taktiken ein. Er gibt den Ton an, führt die Verhandlung und ist alleiniger Entscheider in der Verhandlungssituation. Damit ist er mit der Verhandlungsmacht ausgestattet, was nach außen auch für den Verhandlungspartner sichtbar ist.
Im asiatischen Raum ist es üblich, Unterhändler, scheinbar als Verhandlungsführer agierend, in die Verhandlung zu schicken, also Personen, die gerade keine Entscheidungsbefugnis haben. Der wahre Verhandlungsführer hält sich im Hintergrund und beobachtet. Die Verhandlungsgepflogenheiten sind sehr stark vom kulturellen Umfeld abhängig und daher in der Vorbereitung für die eigene Strategie zu beachten (siehe auch Kapitel 5 »«Interkulturelle Verhandlungen«).

Der Zusammenfasser führt das Verhandlungsprotokoll und fasst die Ergebnisse oder Zwischenergebnisse zusammen. Wichtig ist hierbei, dass ausschließlich die vereinbarten Fakten möglichst objektiv zusammengefasst werden ohne Interpretation oder Wertung im Stil eines Reports. Der Zusammenfasser muss zu jeder Zeit in der Lage sein, die bereits erreichten Verhandlungsergebnisse zu nennen. Dadurch wird dem Verhandlungsführer Zeit verschafft. Ein gutes Mittel zur Deeskalation, weil Emotionen herausgenommen werden und der Fokus auf das gemeinsame Ziel gelenkt wird. In der Phase IV »Ergebnis« ist

die Zusammenfassung ein wichtiges Element und Aufgabe in dieser Rolle.
Der Zusammenfasser macht hierbei keinesfalls zusätzliche eigene Vorschläge und bringt keine zusätzlichen Argumente in die Verhandlung ein.
Ein aktiver Eingriff durch den Zusammenfasser in die Verhandlung ist nach Aufforderung durch den Verhandlungsführer nach zuvor vereinbarten Zeichen oder Stichworten oder aufgrund einer konkreten Absprache in der Vorbereitung möglich. Ohne Absprache sollte der Zusammenfasser jedenfalls eingreifen, wenn die Verhandlung ins Stocken gerät oder droht zu eskalieren. Dann die bisherigen Ergebnisse zusammenfassen und eine Pause initiieren.

Der Beobachter beobachtet das Verhandlungsgeschehen als stiller Teilnehmer. Der Fokus der Beobachtung liegt dabei auf dem Verhandlungspartner und auf dessen Verhandlungsteam. Besonders wichtige Punkte sind Körpersprache, Motivation, unterschiedliche Wahrnehmung der Verhandlungspunkte, um Potenziale für ein optimales Gewinner-Gewinner-Ergebnis zu erkennen. Die Erkenntnisse werden vom Beobachter in den Verhandlungspausen ans Team kommuniziert. Zur Herstellung einer freundschaftlichen Gesprächsatmosphäre kann der Beobachter den Verhandlungsführer des Verhandlungspartners körpersprachlich spiegeln. Da spiegeln auf einer unterbewussten Ebene wahrgenommen wird, kann damit sehr elegant ein positiver Einfluss auf die Beziehungsebene erzielt werden. Der Beobachter kann auch in die Verhandlung eingreifen, wenn es vorher vereinbart wurde.

Sowohl Zusammenfasser als auch Beobachter können aktiv Pausen einfordern. Im Idealfall sind vorher Zeichen oder bestimmte Stichworte zwischen den Verhandlungsteammitgliedern vereinbart.

5.
Interkulturelle Verhandlungen

Bei interkulturellen Verhandlungen ist eine besonders gute und umfassende Vorbereitung sicher das entscheidende Kriterium für den Erfolg in der Verhandlung. Die Beantwortung der Frage »Wann handelt es sich um eine interkulturelle Verhandlung, und was muss beachtet werden?« lässt sicher unterschiedliche Ausprägungen zu – in Abhängigkeit vom kulturellen, politischen und gesellschaftlichen Umfeld und der historischen Entwicklung. Nutzen Sie alle Möglichkeiten, um Informationen im Vorfeld zu erhalten. Die Vorbereitung sollte möglichst spezifisch ausgerichtet erfolgen, bezogen auf das jeweilige Land oder sogar die Region, aus dem/der der Verhandlungspartner kommt. So wie innereuropäisch große Unterschiede bei der Verhandlungsführung zwischen den einzelnen Ländern bestehen, existieren diese Unterschiede auch bei vielen Ländern der anderen Kontinente. Sie werden viele Ratgeber zum Thema »Wie verhalte ich mich in welchem Land?« finden; achten Sie bei der Auswahl der Literatur immer auf Aktualität und eine möglichst spezifische Ausrichtung auf einen bestimmten Kulturkreis. Am besten ist es, Sie konsultieren einen Experten oder eine Expertin für das jeweilige Land oder für die kulturelle Region. Insbesondere sollten Sie folgende Aspekte bei der Vorbereitung auf Ihre Verhandlungen in anderen Ländern oder Kulturkreisen berücksichtigen:

- Wo findet die Verhandlung statt (im eigenen Land oder beim Verhandlungspartner)?

- Bevorzugte Verhandlungsstrategien und Verhandlungstaktiken.
- Verhandlungssprache (Wer spricht, wer versteht welche Sprache? Dolmetscher?).
- Kulturelle Gegebenheiten (Religion, Traditionen, Gastfreundschaft, Arbeitstempo, Zuverlässigkeit, Kommunikationsstile, Verhandlungsstile, Gesprächsführung).
- Kulturelle Werte und Ethik.
- Historische Entwicklung der Länder.
- Umgangsformen (Begrüßung, Kontaktaufnahme, Verabschiedung).
- Beziehungspflege (Distanz/Nähe, beruflich/privat).
- Bildungsstand der Gesprächspartner.
- Körpersprache und Outfit.
- Bedeutung von Gestik und Mimik.
- Tabus (gesellschaftlich, politisch, religiös).
- Rollenverständnis (Mann/Frau).
- Netzwerke.
- ...

6.
Anhang

Do's and Dont's

Die häufigsten Fehler	Handlungsempfehlungen
Keine Vorbereitung	Professionelle schriftliche Vorbereitung
Gewinnen wollen	Fokus auf Gewinner-Gewinner Ergebnis
Verhandlungspartner unterbrechen	Aktiv zuhören
Argumentieren	Vorschlagen
»Mit der Tür ins Haus fallen«	Beziehungsebene aufbauen
An der Verhandlung teilnehmen	Die Verhandlung führen
Interpretieren	Verstehen wollen, nachfragen
Stammplätze nicht berücksichtigen	Sitzordnung planen und checken
Eigene Forderungen an die erste Stelle setzen	Der Verhandlungspartner präsentiert zuerst
Um Positionen kämpfen	Interessen berücksichtigen
An Positionen festhalten	Optionen entwickeln
Suggestivfragen …	… einfach weglassen
Keine Fragen	Viele offene Fragen
Ja, aber …	Ja, und …
Dinge persönlich nehmen	Menschen und Probleme trennen
Kraft mit Vorwänden vergeuden	Auspendeln

Die häufigsten Fehler	**Handlungsempfehlungen**
Einwände übergehen	Einwände lösen
Unrealistische und unfaire Forderungen	Realistische Forderungen
Emotionsausbrüche	Emotionen kontrolliert einsetzen
Persönliche Angriffe	Sachgerecht verhandeln
Nur den eigenen Vorteil suchen	Gemeinsame Interessen herausstellen
Vage Aussagen	Konkrete Formulierungen, genau und spezifisch
Ja, machen wir ...!	Wenn Sie ..., dann wir ...!
Unwahrheiten und Lügen	Nicht alles sagen, aber alles, was Sie sagen, sollte ehrlich sein
Unsicherheit	Entschlossenheit demonstrieren
Schuldzuweisungen	Ichbotschaften
Unnötige Zugeständnisse	Kein Zugeständnis ohne Gegenleistung
Viel reden	Wenn Sie nichts zu sagen haben, schweigen Sie
Eigene Gier	Langfristige Geschäftsbeziehung anstreben
»Dass wird so ablaufen wie immer.«	Offen sein. Eigene Einstellung wählen: »Diesmal wird es anders.«
Termin-/Zeitdruck	Vorausschauende Planung/Pausen einplanen
Kein Protokoll/keine Ergebniszusammenfassung	Protokoll erstellen und von allen Beteiligten bestätigen lassen. Ergebnis zusammenfassen
Gewinnerlächeln	Den Verhandlungspartner bestätigen und sich bedanken
Ausreden für ein mäßiges Ergebnis suchen	Stärken und Potenziale reflektieren

Checkliste Verhandlungsvorbereitung *(Abbildung 4)*

Firma:

Ansprechpartner/Funktion:

Termin/Uhrzeit:

Verhandlungsthemen
1.
2.
3.

Forderungskatalog	Limits

Zusatzwünsche	Zugeständnisse

Anmerkungen/Fragen:

Checkliste Analyse und Selbstreflexion

Was habe ich erreicht?

Welchen »Preis« habe ich dafür bezahlt? Welche Zugeständnisse habe ich gemacht?

Was habe ich dafür bekommen?

Meine Stärken in den vier Verhandlungsphasen?
Phase I: Vorbereitung

Phase II: Einstieg

Phase III: Verhandlung (Strategie? Taktik? Aktives Zuhören? ...)

____

____

____

____

Phase IV: Ergebnis (Signale? Zusammenfassung? ...)

____

____

____

____

Mein eigenes Verbesserungspotenzial?

____

____

____

____

Welche neuen Erkenntnisse habe ich über meinen Verhandlungspartner erhalten?

____

____

____

____

Abbildung 11

Checkliste Einstieg

Überlegen Sie sich, welchen Eindruck Sie beim Einstieg in eine Verhandlung erzeugen wollen.

Wie möchte ich die Begrüßung durchführen?

____
____
____
____

Was möchte ich über mich und/oder über meine Firma sagen?

____
____
____
____

Welchen persönlichen Eindruck möchte ich generieren?

____
____
____
____

Was weiß ich über meinen Verhandlungspartner?

____
____
____
____

Welches Smalltalkthema plane ich?

____
____
____
____

Wie ist die Agenda (der Ablauf) der Verhandlung?

____

____

____

____

Wie schaffe ich es, dass mein Verhandlungspartner seine Forderungen als Erster präsentiert?

____

____

____

____

Abbildung 12

7. Literaturliste

- Eric Berne: Was sagen Sie, nachdem Sie »Guten Tag« gesagt haben?; Fischer, 2000
- Vera F. Birkenbihl: Psycho-Logisch richtig verhandeln; mvg-Verlag, 2007
- Alexander Christiani: 111 Motivationstipps für persönliche Höchstleistungen, mvg-Verlag, 2005
- Robert B. Cialdini: Die Psychologie des Überzeugens; Huber, Bern 2007
- Erich Norbert Detroy: Mit Begeisterung verkaufen; Redline Wirtschaft, 2007
- Heinz Feldmann: Preisverhandlungen leicht gemacht; Redline Wirtschaft, 2005
- Heinz Feldmann: 8 Stufen zum Verkaufserfolg; Signum Verlag, 2007
- Roger Fischer, William Ury, Bruce Patton: Das Harvard-Konzept; Campus-Verlag 2002
- Douglas R. Hofstadter: Tit for Tat; Spektrum der Wissenschaft, Digest: Kooperation und Konkurrenz
- Roger Fisher und Daniel Shapiro: Erfolgreich verhandeln mit Gefühl und Verstand. Campus Verlag, Frankfurt 2007
- Roman Kmenta: Die letzten Geheimnisse im Verkauf; Signum Verlag, 2006
- Gerhard Lange: Rhetorik: Mit Worten gewinnen: Reden, Verhandeln, Führen, Tasso Verlag, Bonn 2002.
- H.-Georg Macioszek: Chruschtschows dritter Schuh; Ulysses GmbH, 2000

- Raymond Saner: Verhandlungstechnik; Haupt-Verlag, 2008
- Matthias Schranner: Verhandeln im Grenzbereich; ECON Verlag, 2007
- Anne M. Schüller: Erfolgreich verhandeln – erfolgreich verkaufen; BusinessVillage, 2005
- Friedemann Schulz von Thun: Miteinander reden 1–3; Rowohlt, 2006
- Professor Manfred Spitzer: Geist im Netz; Spektrum Verlag, 2008
- Niklas Tripolt: Kundensignale erkennen – Verkaufschancen nutzen; Signum Verlag, 2006
- Stefan Verra und Stefan Haller: Die Körpersprache im Verkauf: Überzeugend wirken – mitreißend kommunizieren; Signum Verlag, 2007
- Zig Ziglar: Der totale Verkaufserfolg; mvg-Verlag, 2002
- Paul Watzlawick: Wie wirklich ist die Wirklichkeit; Piper, 1995

8.
Übungsteil: Praxistransfer

Einleitung

Herzlich willkommen zu Ihrem persönlichen Trainingslehrgang. Schön, dass Sie zu den Menschen gehören, die sich um ihre berufliche Weiterbildung kümmern und dafür Zeit und Engagement aufwenden. Dadurch gehören Sie bereits zu einem auserlesenen Kreis. Das Geld für das Buch haben Sie bereits investiert. Entweder waren Sie es selbst oder jemand, der es gut mit Ihnen gemeint hat. Damit ist es aber noch nicht getan. Die größere Investition beginnt erst jetzt. Sie werden insgesamt noch einmal zirka 20 bis 30 Stunden Nettolernzeit investieren (Selbststudium), um das Erlernte in Ihre Praxis zu übertragen und noch erfolgreicher zu verhandeln. Die einzelnen Übungen sind für Sie in Tagesetappen zu je 20 bis 30 Minuten Dauer aufgeteilt. Natürlich entscheiden letztendlich Sie selbst, wie viel Zeit und Engagement Sie persönlich in Ihren Trainingslehrgang investieren. Wir empfehlen Ihnen nicht nur, alle Übungen zu machen, sondern darüber hinaus auch nach dem Abschluss des Übungsteils immer weiter zu üben und zu lernen – ein ganzes (Berufs-)Leben lang. Als Lohn für Ihre Arbeit werden Sie schon bald bei Ihren Verhandlungen erfolgreicher agieren. Manche Dinge werden Ihnen plötzlich einfach erscheinen und leichter fallen. Andere Veränderungen werden Ihnen selbst vielleicht gar nicht besonders auffallen. Auf diese werden Sie aber von anderen Menschen angesprochen werden. Geschäftspartner, Arbeitskollegen oder Kunden werden Ihnen schon nach kurzer Zeit sagen, dass sie Sie für einen Profi halten.

Gerne können Sie mir Ihre persönlichen Erlebnisse und Ihre eigenen Beispiele aus Verhandlungssituationen per E-Mail senden an: striebl@portapatet.de.

Unterschiedliche Lerntypen

In der Lernforschung gibt es verschiedene Typisierungen und unterschiedliche Lernstile. Das **4-MAT-System** (David Kolb, Bernice McCarthy, 1979) ist ein didaktisches System, das die Menschen in Bezug auf das Lernen in vier Grundtypen einteilt:

- **Warum-Typ**: Etwa 35 Prozent der Menschen wollen vor allem wissen, warum man sich mit dem folgenden Thema beschäftigt.
- **Was-Typ**: Etwa 20 Prozent wollen Zahlen, Daten, Fakten und die Sache (zum Beispiel Struktur) erklärt bekommen.
- **Wie-Typ**: Etwa 20 Prozent wollen wissen, wie es geht, und das möglichst gleich ausprobieren.
- **Wozu-Typ** (auch »Was-wäre-wenn-Typ« genannt): Etwa 25 Prozent wollen wissen, wozu sie das Erlernte in der Praxis einsetzen können.

Ich gebe Ihnen für den Übungsteil folgenden Praxistipp: Finden Sie heraus, wie Sie selbst am besten lernen. Lesen Sie lieber zuerst etwas, um es dann auszuprobieren, oder lernen Sie lieber, indem sie zuerst aktiv Dinge umsetzen und dann darüber reflektieren. Wieder andere lernen am besten dadurch, dass sie mit anderen gemeinsam etwas ausprobieren. Mit den Übungen in diesem Buch sind fast alle Kombinationen möglich. Und in den einzelnen Übungseinheiten finden Sie meist eine Kombination aus den verschiedenen Ansätzen.

Lernumgebung und Infrastruktur

Je nachdem, wie lange es her ist, seit Sie zum letzten Mal etwas ganz bewusst gelernt haben, ist es gut, sich zu überlegen, welche Voraussetzungen Sie benötigen, damit Sie die Übungen optimal bearbeiten können.

Beginnen wir mit dem Zeitplan

Sie benötigen pro Übungseinheit zirka 20 bis 30 Minuten Zeit für eine konzentrierte Arbeit in ruhiger und ungestörter Atmosphäre. Es macht nicht sehr viel Sinn, an einem Tag mehrere Einheiten zu machen (selbst wenn Sie sich die Zeit dafür nehmen), weil Ihr Unterbewusstsein die Informationen nicht mehr optimal verarbeiten kann. Sie müssen die Einheiten auch nicht in einem durchmachen. Planen Sie Pausen ein. Sehr hilfreich ist es, wenn Sie sich einen klaren und realistischen Zeitplan aufstellen. Überlegen Sie, an wie vielen und an welchen Wochentagen Sie sich zu welcher Tageszeit eine halbe Stunde Ruhe einplanen können. Und das bedeutet auch, dass Sie weder von Arbeitskollegen noch von Familienmitgliedern gestört werden sollten, und dass Sie Ihr Handy ausschalten. Schalten Sie sogar Ihr E-Mail-Programm und Ihren Messenger Service aus, damit Sie nicht durch ankommende e-Mails oder Textnachrichten aus der Konzentration gerissen werden. Wenn Sie planen, im Büro zu lernen, wählen Sie eine Tageszeit (sehr früh, mittags oder am späteren Nachmittag), in der die Störanfälligkeit gering ist, und informieren Sie Ihre Kollegen/Kolleginnen, Vorgesetzten und Mitarbeiter/innen, damit sie Ihnen für die halbe »Lernstunde« am besten alle Unterbrechungen vom Hals halten. Wenn Sie lieber zu Hause oder in Ihrem »Homeoffice« lernen, stellen Sie sicher, dass Ihre Lieben wissen, ab wann Sie wieder »ansprechbar« sind. Beachten Sie auch, dass es je nach Typ unterschiedliche Tageszeiten gibt, zu denen am besten gelernt werden kann. Manche Menschen sind nachtaktiv und können in der Ruhe des späteren Abends gut lernen. Andere wiederum lernen am besten in der Früh, wenn sie früher aufstehen und noch keinen harten Arbeitstag hinter sich haben. Machen Sie sich das zunutze und planen Sie das ein.

Digitalkamera

Vielleicht haben Sie eine Videokamera oder eine Digitalkamera, mit der Sie kurze Videos von sich aufnehmen können. Wenn nicht, empfiehlt es sich, von Freunden oder Bekannten ein solches Gerät auszuleihen. Damit können Sie sich dann zu den entsprechenden Tagesübungen auch selbst bei Verkaufsrollenübungen filmen und danach die Aufzeichnungen ansehen und analysieren. Dabei ist es sinnvoll, gemeinsam mit anderen Menschen zu üben. Das ist nicht nur dann wichtig, wenn Sie ein Lerntyp sind, der lieber im Team mit anderen lernt. Finden Sie befreundete Kollegen oder Kolleginnen, die auch Interesse an Verhandlungsführung haben, und motivieren Sie diese, gemeinsam mit Ihnen zu üben. Wenn Sie solche Kollegen nicht haben, dann begeistern Sie zumindest einen Freund oder eine Freundin, für Sie immer wieder einmal in die Rolle des Verhandlungspartners zu schlüpfen und Ihnen Feedback zu geben.

Feedback im »Sandwich«

Feedback meint, dass Sie von anderen Menschen eine Rückmeldung darüber bekommen, wie Sie in einer bestimmten Situation agieren und wie das von diesen Menschen gesehen und erlebt wird. Achten Sie beim Feedback (auch bei der Selbstbewertung) darauf, dass Sie immer und unbedingt zuerst formulieren, was gut war. Also, was haben Sie wie gemacht, dass es im Sinne der Verhandlungsübung wirksam war? Erst dann überlegen Sie sich, was hätten Sie anders (besser) machen können. Überlegen Sie, wie Sie diese Erkenntnisse in weiteren Übungen und dann in Ihrer Praxis umsetzen können. Wenn Sie einem Kollegen/einer Kollegin Feedback geben, fügen Sie nach den ersten zwei Schritten (was war gut und was würde ich anders machen?) auch noch an, was Sie aus der Beobachterperspektive für sich selbst gelernt haben. Mit diesem dritten Schritt ist das Sandwich-Feedback fertig.

Feedbackformular
Lassen Sie sich bei jeder Übung das Feedback am besten gleich schriftlich geben. Ein Formular dafür finden Sie am Ende dieses Buchs. Damit haben Sie auch diese Informationen schnell zur Hand.

Mentor

Um den für Sie besten Nutzen aus diesem Trainingslehrgang herauszuholen, empfehlen wir Ihnen, auf jeden Fall in Ihrem beruflichen oder privaten Umfeld einen Mentor oder eine Mentorin zu suchen. Dabei handelt es sich um einen Menschen (eventuell ein wohlwollender Vorgesetzter, erfolgreicher Kollege oder ein Bekannter oder Freund), der aus Ihrer Sicht ein guter Beobachter ist und gegebenenfalls auch über Verhandlungs-Know-how verfügt (nicht zwingend notwendig). Finden Sie also eine solche Person und bitten Sie diese, Ihnen bei Ihrem Selbststudium für ein paar Reflexionsgespräche und Feedbacks unterstützend zur Verfügung zu stehen. Tipp: Einige von diesen Gesprächen können Sie auch telefonisch erledigen.

Fankunden

Wenn Sie bereits im Verkauf tätig sind und Kunden haben, dann finden Sie ein oder zwei »Fankunden« für zusätzliche Feedbacks. Fankunden sind Menschen, die nicht nur gerne bei Ihnen kaufen, sondern Sie als Person, als »Privatmensch«, gerne mögen. Erzählen Sie diesen von Ihrem Trainingslehrgang und bitten Sie sie, auch für das eine oder andere Feedbackgespräch zur Verfügung zu stehen.

72-Stunden-Regel

Die 72-Stunden-Regel besagt, dass die Umsetzungswahrscheinlichkeit drastisch und signifikant steigt, wenn Sie innerhalb von 72 Stunden nach einem Entschluss den ersten Schritt in die richtige Richtung setzen. Daher beginnen Sie am besten gleich jetzt mit der ersten Tagesübung! (Diese Regel gilt übrigens für die Umsetzung jedes Entschlusses oder jeder Entscheidung, auch im privaten Bereich.)

Praxistransfer

Um die gelernten Inhalte optimal in Ihre Praxis zu transferieren, ist es am besten, wenn Sie diesen Trainingslehrgang berufsbegleitend absolvieren. Dann können Sie immer sofort alles in der Praxis ausprobieren und bekommen automatisch noch mehr Übung. Wenn Sie bei manchen Tagesaufgaben das Gefühl haben, dass Sie die Inhalte noch nicht ganz verinnerlicht haben, empfehlen wir Ihnen die Verwendung so genannter »Transfer-Post-its«.

Transfer-Post-its

Organisieren Sie sich einen Block von Post-its (Haftnotiz) und schreiben Sie diejenigen Inhalte und Übungen, die Ihnen auch nach dem entsprechenden Tag noch nicht ganz geläufig sind, auf je ein solches Post-it. Bei mehreren Post-its nehmen Sie jenes als oberstes, welches Sie als Nächstes wiederholen und vertiefen wollen. Dann nehmen Sie diese Post-its in Ihre Praxis. Das heißt, kleben Sie sie im Auto auf das Armaturenbrett oder an Ihren Arbeitsplatz neben den Computerbildschirm et cetera. Wenn das jeweils obenaufklebende Thema etwas vertrauter oder gar erledigt ist, kleben Sie es an das Ende des Blocks, sodass das nächste Thema in Ihr Blickfeld rückt und so weiter. Wenn Sie ein Thema gänzlich erledigt haben, dann können Sie das jeweilige Post-it »feierlich« entsorgen. Und jetzt viel Erfolg und vor allem viel Spaß bei Ihrem persönlichen Trainingslehrgang.

Übung 1: »Planen, planen, planen ...«

Anleitung zur Übung »Planen, planen, planen ...«
Richten Sie sich heute Ihren Arbeitsplatz zum Lernen ein (siehe die entsprechenden Anleitungen in der Einleitung) und machen Sie sich einen konkreten Zeitplan für Ihre Übungen. Planen Sie diese Termine in Ihrem Kalender fix ein. Sorgen Sie dafür, dass Sie diese Termine so behandeln wie den Termin mit dem wichtigsten Menschen in Ihrem Leben. Ja, das sind Sie selbst, das heißt: Diese Termine sind nicht zu verschieben. Die Erfahrung zeigt, dass Sie am meisten profitieren, wenn Sie Ihre Termine konsequent einhalten. Erkennen Sie, dass der Tageszeitpunkt schlecht gewählt ist, dann planen Sie um. Definieren Sie Ihre übergeordneten Ziele für diesen Lehrgang. Das können Aktivitätenziele sein (»Ich will bis zum ... die Übungen xy gemacht haben und ... Ergebnisse erzielt haben«) oder geschäftliche Ziele für Ihre Verhandlungen. Denken Sie daran, alles im Notizbereich aufzuzeichnen, und schreiben Sie bitte mit Bleistift, weil sich die Ziele möglicherweise im Laufe dieses Lehrgangs noch ändern werden.

Notizen, Erkenntnisse:

Übung 2: Distributive Verhandlung

Anleitung zur Übung »Distributive Verhandlung«
Sie möchten einen Computer kaufen und finden in einem Fachgeschäft schnell ein passendes Gerät, nach einer wirklich guten Beratung durch den Verkäufer. Als es schließlich um den Kauf des Computers geht – das Gerät kostet 1300 Euro – sagen Sie: »1100 Euro ist mein Limit, da müssen Sie mir entgegenkommen.« Der Verkäufer entgegnet: »Tut mir sehr leid, aber wir geben grundsätzlich keine Rabatte.«
Wie würden Sie nun weiter vorgehen? Wie verhalten Sie sich in der Rolle des Verkäufers? Wie agieren Sie in der Rolle des Käufers? Denken Sie auch an eine Verhandlung im privaten oder beruflichen Umfeld zurück, die durch Feilschen geprägt war. Möglicherweise eine Episode aus Ihrem letzten Urlaub, beim Autokauf, bei einer Gehaltsverhandlung oder Ähnliches. Wie war das Ergebnis für Sie und für Ihren Verhandlungspartner? Welches Gefühl hatten Sie während und nach der Verhandlung? Notieren Sie dazu bitte Ihre Erkenntnisse und Schlussfolgerungen.

Notizen, Erkenntnisse:

Übung 3: »Der Fluch der Karibik«

Anleitung zur Übung »Der Fluch der Karibik«
Wenn Sie in der nächsten Zeit einen Film im Fernsehen oder Kino ansehen, achten Sie besonders auf Szenen, in denen Verhandlungssituationen dargestellt sind. Versuchen Sie den Verhandlungsstil zu erkennen. Welche Besonderheiten oder Techniken fallen Ihnen besonders auf?
Die Trilogie »Fluch der Karibik« ist eine amüsante Empfehlung dafür.

Notizen, Erkenntnisse:

....

....

....

....

....

....

....

....

....

....

....

....

....

Übung 4: Integrative Verhandlung

Anleitung zur Übung »Integrative Verhandlung«
Bedenken Sie neben Ihren eigenen Anforderungen und Interessen auch die Bedürfnisse des Verhandlungspartners und Ihre gemeinsamen Interessen. Die Interessen des Verhandlungspartners entsprechen dabei nicht zwangsläufig Ihren Befürchtungen. Sie möchten zum Beispiel eine möglichst preiswerte Video-

kamera kaufen. Vielleicht hat der Verkäufer tatsächlich ein großes Interesse daran,eine möglichst teure Kamera zu verkaufen. Möglicherweise ist es aber so, dass er für ein wesentlich günstigeres Objekt mehr Provision bekommt. Oder er möchte Ihnen ebenfalls eine günstige Kamera verkaufen, weil die Speicherkarte dann extra kostet. Vielleicht möchte er Sie als guten, zufriedenen Kunden gewinnen oder behalten und aufgrund Ihrer Empfehlungen noch mehr Kunden in sein Geschäft bekommen. Je genauer Sie das Interesse Ihres Verhandlungspartners kennen, umso leichter wird es Ihnen fallen, einen Mehrwert zu erkennen und zu erzeugen. Wie erfahren Sie, was das Interesse des anderen ist? Fragen, fragen, fragen. Denken Sie jetzt an eine Verhandlung, die kurz bevorsteht, oder an eine bereits vergangene Verhandlung aus Ihrer Praxis. Welchen Mehrwert können oder konnten Sie für sich und Ihren Verhandlungspartner erzeugen? Welche Extras können oder konnten Sie anbieten?
Nach dem Motto »Der Kuchen der zu verteilen ist, ist nicht begrenzt, sondern erweiterbar«. Lesen Sie dazu auch gegebenenfalls nocheinmal das Kapitel 2.2 im Buch.

Notizen, Erkenntnisse:

Übung 5: Motivation

Anleitung zur Übung »Motivation«
Überlegen Sie sich heute etwas zu Ihrer eigenen Motivationsfähigkeit. Sind Sie in der Lage, sich selbst zu motivieren? Was motiviert Sie? Wie können Sie Einfluss darauf gewinnen? Hängt Ihre eigene Motivation davon ab, was andere Menschen tun oder nicht tun, oder können Sie sich davon unabhängig machen? Notieren Sie das im Notizbereich und leiten Sie daraus konkrete Schritte ab. Zum Beispiel: Was können Sie tun und in Ihre wöchentliche Planung übernehmen, um sich selbst zu motivieren? Vielleicht gibt es eine Möglichkeit, sich für bestimmte Leistungen und Ergebnisse selbst zu belohnen.

Erkenntnisse, Notizen:

....

....

....

....

....

....

....

....

....

....

....

....

....

Übung 6: Die eigene Verhandlungsposition

Anleitung zur Übung »Die eigene Verhandlungsposition«
Praxisbeispiel: Als Geschäftsführer eines Automobilzulieferers sitzen Sie im Besprechungsraum eines Automobilkonzerns. Das

Ziel für heute ist das Angebot, das Sie gelegt haben, zu besprechen und den Auftrag abzuschließen. Sie warten auf Herrn Martin, Vertriebsdirektor und Prokurist der Firma, schon seit etwa 20 Minuten. Plötzlich öffnet sich die Tür, Herr Martin stürmt herein. Er legt wortlos ein Blatt Papier in die Mitte des Tischs, dreht sich um und will den Raum wieder verlassen. Dann verkündet er plötzlich und unerwartet: »Verehrte Herren, auf diesem Zettel finden Sie eine Zahl. Die Zahl bezeichnet die Investition, die wir bereit sind, für Ihr Angebot zu tätigen. Wenn Sie heute akzeptieren, bekommen Sie den Auftrag.« Ohne eine Antwort abzuwarten, verlässt Herr Martin den Raum.
Welche Verhandlungsstrategie erkennen Sie bei Herrn Martin?
Wie planen Sie Ihr weiteres Vorgehen in dieser Situation?

Überlegen Sie auch, welche unterschiedlichen Verhandlungspositionen Sie in vergangenen Verhandlungen eingenommen haben. Wie sind Sie in der Vergangenheit mit den unterschiedlichen Verhandlungspositionen Ihrer Verhandlungspartner zurechtgekommen? Denken Sie zum Beispiel an Gehaltsverhandlungen, einen Haus- oder Autokauf oder an konkrete Beispiele aus Ihrer beruflichen Tätigkeit (Preisverhandlungen, Rabattverhandlungen, Verhandlungen zu Konditionen et cetera) und notieren Sie Ihre Erkenntnisse.

Notizen, Erkenntnisse:

Übung 7: Anruf Privat-Anzeige PKW Verkauf

Anleitung zur Übung: »Anruf Privatanzeige Pkw-Verkauf«
Nehmen Sie eine aktuelle Tageszeitung und suchen Sie eine private Anzeige in der Rubrik Autoverkauf. Der Verkaufspreis, meist als Verhandlungsbasis angegeben, sollte genannt sein. Rufen Sie an. Nachdem sich der Verkäufer gemeldet hat, bieten Sie ihm/ihr weit weniger als die Hälfte des geforderten Preises und schweigen dann.
Sie werden die unterschiedlichsten Reaktionen hören, oft viel Emotion: »... dann kann ich das Auto ja gleich verschenken«, oder »... Unverschämtheit« oder ...
Nutzen Sie die Gelegenheit, einige Telefonate mit unterschiedlichen Verkäufern zu führen.
Notieren Sie Ihre Erfahrungen und Ihre Erkenntnisse daraus. Welche Implikationen haben diese Erkenntnisse für Ihr eigenes Verhalten in zukünftigen Verhandlungen?

Notizen, Erkenntnisse:

Übung 8: Win-win oder Gewinnen?

Anleitung zur Übung »Win-win oder Gewinnen«
Stellen Sie sich folgende Fragen (und beantworten Sie sie):
Welcher Verhandlungstyp sind Sie?
Wie wichtig ist Ihnen der Beziehungsaufbau mit Ihrem Kunden?
Ist der Kunde für Sie König oder Geschäftspartner?
Was bedeutet maximaler Gewinn oder partnerschaftliche Zusammenarbeit im geschäftlichen Umfeld für Sie?
Wie leicht fällt es Ihnen, die eigenen Fehler zuzugeben?
Wie wichtig ist es für Sie, die Dinge aufrichtig vom Standpunkt des anderen zu sehen?

Die Lebensanschauung »Ich bin okay – Du bist okay« ist die beste Grundlage für eine erfolgreiche Kommunikation. Thomas A. Harris, ein Mitarbeiter von Eric Berne, hat dies als »Idealeinstellung« nach dem Modell der Transaktionsanalyse entwickelt.

Reflektieren Sie Situationen aus vergangenen Verhandlungen im privaten oder beruflichen Bereich. Wie stark wurde der Verlauf oder das Ergebnis durch Ihre eigene Einstellung oder die des Verhandlungspartners beeinflusst?

Notizen, Erkenntnisse:

Übung 9: Verhandlungsvorbereitung

Anleitung zur Übung »Verhandlungsvorbereitung«

Was der Geist ersinnen kann, das kann er auch erreichen.
(Clement Stone)

Mit einer professionellen Vorbereitung haben Sie schon etwa 80 Prozent der nötigen Arbeit für eine erfolgreiche Verhandlungsführung geleistet. Neben der gründlichen Vorbereitung auf die Verhandlungsinhalte (siehe Kapitel 3.1), ist besonders Ihre Einstellung zum Erfolg, zu einem positiven Ergebnis, entscheidend. Bei Formulierungen wie »Na ja, ich versuche es mal« ist das Scheitern von vornherein schon mit eingeplant. Sagen Sie sich Sätze wie »Ich werde meine gesetzten Ziele in der nächsten Verhandlung erreichen« oder überlegen Sie sich Ihre eigenen positiven Formulierungen (positives Denken, Affirmationen). Wie groß ist Ihre eigene Überzeugung, erfolgreich zu sein, und wie fest ist Ihr Glaube an den eigenen Erfolg?
Bereiten Sie sich für eine konkrete Verhandlungssituation in der Zukunft mit der Checkliste für die Verhandlungsvorbereitung in diesem Buch schriftlich vor. Welche Punkte fallen Ihnen leicht, welche Punkte brauchen etwas mehr Zeit? Notieren Sie Ihre Erkenntnisse darüber.

Notizen, Erkenntnisse:

Übung 10 Mentaltraining und eigene Einstellung

Anleitung zur Übung: »Mentaltraining und eigene Einstellung«
Heute machen Sie sich die Erfahrungen aus dem Mentaltraining zunutze. Legen Sie sich ein so genanntes »Erfolgstagebuch« an. Ein schönes Buch mit leeren Seiten ist dazu wunderbar geeignet. Ihr Buch wird Ihr Tagebuch des Erfolgs, in das Sie täglich drei bis fünf Erfolge stichwortartig notieren (KEINE Misserfolge!).
Der Zeitaufwand beträgt täglich nur zwei oder drei Minuten, und der Erfolg wird sich sehr sicher schon nach wenigen Wochen einstellen. Dabei passiert Folgendes: Wir Menschen sind oft auf unsere Misserfolge oder auf Hindernisse fokussiert. Die Konzentration auf unsere Stärken und unsere Erfolge setzt eine »Positivspirale« in Gang. Zu diesen drei bis fünf Erfolgserlebnissen zählen auch solche, bei denen Sie anderen Menschen eine (kleine) Freude gemacht haben und dadurch ein Erfolgs- oder Glücksgefühl verspürten. Dinge wie »meinem Kollegen ein Kompliment gemacht« oder »ein nettes Gespräch mit meiner Tochter« zählen ebenfalls zu Erfolgserlebnissen, wenn Sie diese als solche empfunden haben. Beginnen Sie jetzt. Nehmen Sie sich für die ersten Eintragungen Post-its, die Sie dann einkleben, wenn Sie ein Tagebuch haben. Schreiben Sie sich jetzt auf, wann Sie sich das Buch besorgen werden.

Notizen, Erkenntnisse:

Übung 11: Emotionen in Verhandlungen

Anleitung zur Übung »Emotionen in Verhandlungen«
Anspannung, Stress und Emotionen spielen in Verhandlungen eine große Rolle. Im positiven Sinne ist das gut so, da dadurch ein erhöhtes Aufmerksamkeitsniveau entsteht.
Wo ist Ihr persönlicher »roter Knopf«, Ihre Schwelle, bei der Sie Ihre Emotionen nur noch schwer in den Griff bekommen?
Achten Sie bei Ihrer nächsten Verhandlung ganz genau auf Ihre Emotionen und auf die Emotionen Ihres Verhandlungspartners sowie auf die Auswirkungen auf den Verlauf oder das Ergebnis der Verhandlung. Notieren Sie sich dann Ihre Erkenntnisse daraus.

Notizen, Erkenntnisse:

Übung 12: Sitzposition

Anleitung zur Übung »Sitzposition«
Welche Zusammenhänge gibt es zwischen der Sitzposition (gegenüber, ums Eck) und dem Verlauf einer Verhandlung? Denken Sie an vergangene Verhandlungen und notieren Sie Ihre Erfahrungen. Überlegen Sie sich, welche Möglichkeiten und Strategien Sie anwenden können, um die gewünschte Sitzposition in Ihren geschäftlichen Verhandlungen zu realisieren.

Denken Sie bitte an Ihr Erfolgstagebuch und notieren Sie sich darin drei bis fünf kleinere oder größere Erfolge des vergangenen Tages.

Notizen, Erkenntnisse:

Übung 13: Spiegeln/Rapport

Anleitung zur Übung »Spiegeln/Rapport«
Nutzen Sie die Möglichkeiten zum Beispiel in öffentlichen Verkehrsmitteln, Cafés, Restaurants, um andere Personen körpersprachlich zu spiegeln. Dazu muss Ihnen die Person nicht gegenübersitzen, es muss auch kein Augenkontakt bestehen. Es genügt, wenn sich die Person, die Sie spiegeln, irgendwo im Raum befindet. Die Wahrnehmung erfolgt unbewusst. Bringen Sie ruhig etwas Geduld mit und achten Sie genau darauf, was passiert. Wenn Sie das Gefühl haben, eine gewisse Art von Übereinstimmung (Rapport) ist vorhanden, ändern Sie Ihre Sitzposition, Haltung et cetera und achten wiederum darauf, was passiert. Sie werden überrascht über das Ergebnis sein! Viel Spaß dabei.

Denken Sie bitte an Ihr Erfolgstagebuch und notieren Sie sich darin drei bis fünf kleinere oder größere Erfolge des vergangenen Tages.

Notizen, Erkenntnisse:

Übung 14: Wer redet zuerst?

Anleitung zur Übung »Wer redet zuerst?«
Überlegen Sie sich Vorgehensweisen und konkrete Formulierungen, wie Sie es schaffen, dass der Verhandlungspartner zuerst seine Forderungen nennt, Sie also als Erster zuhören.
Testen Sie im Anschluss daran Ihre Strategien zum Beispiel bei einem Fankunden oder besprechen Sie sich mit Ihrem Mentor.

Denken Sie bitte auch heute wieder an Ihr Erfolgstagebuch!

Notizen, Erkenntnisse:

Übung 15:
Videoübung Einstieg in die Verhandlung

Anleitung zur Übung »Videoübung Einstieg in die Verhandlung«

Machen Sie heute zwei bis drei Videoaufzeichnungen von Gesprächseinstiegen in eine Verhandlung. Dazu soll Ihr Gesprächspartner einen Verhandlungspartner spielen, den Sie noch nicht kennen. Sie können sich vorher ein Szenario zurechtlegen. Nutzen Sie dazu die Checkliste »Einstieg«. Stellen Sie die Stoppuhr auf drei Minuten, damit Sie den Gesprächseinstieg spätestens nach drei Minuten abbrechen und vielleicht noch eine zweite oder dritte Variante aufzeichnen können. Für die Analyse und das Feedback für die Gesprächsrollenübung können Sie das Feedbackformular am Ende des Buchs verwenden.

Notieren Sie sich bitte drei bis fünf kleinere oder größere Erfolge des vergangenen Tages in Ihr Erfolgstagebuch.

Notizen, Erkenntnisse:

....

....

....

....

....

....

....

....

....

....

....

....

....

....

Übung 16:
Verhandlungssituation aus Ihrer Praxis

Anleitung zur Übung »Verhandlungssituation aus Ihrer Praxis«
Schreiben Sie heute bitte das Drehbuch für Ihre nächste Verhandlung. Dabei handelt es sich um eine komplette (idealerweise schwierige) Verhandlung, die für Sie in Ihrer Praxis in der Zukunft ansteht.

Vier-Phasen-Modell:

1) Vorbereitung

Bereiten Sie sich anhand der Vorbereitungscheckliste auf Ihre Verhandlung vor (Checkliste).
Bereiten Sie auch eine Vorbereitungscheckliste aus der Sicht Ihres Verhandlungspartners vor (Checkliste).
Bereiten Sie Ihren Einstieg vor (Checkliste).

2) Einstieg

Welche Strategie wählen Sie?
Welche Sitzposition planen Sie?
Wie schaffen Sie es, dass Ihr Verhandlungspartner als Erster seinen Forderungskatalog präsentiert?

3) Verhandlung

Welche Fragen werden Sie stellen?
Welche Techniken und Taktiken planen Sie umzusetzen?
Welche Vorschläge werden Sie einbringen?
Welche Einwände/Vorwände könnten kommen, und wie werden Sie diese am besten »auspendeln«?

4) Ergebnis

Welche Ergebnisse planen Sie?
Welche weiteren Schritte planen Sie, in welcher Zeit?
Wie könnte ein mögliches Ausstiegsszenario aussehen?

Notizen, Erkenntnisse:

....

....

....

....

....

....

....

....

....

....

....

....

....

Übung 17: Die richtigen Fragen

Anleitung zur Übung »Die richtigen Fragen«
Gibt es überhaupt »die richtige Frage« bei Verhandlungen? Eine Frage für alle Fälle, den »Stein der Weisen« im Bereich Fragen im Verhandlungskontext gibt es sicher nicht. Eine zeitlich punktgenau platzierte, auf die Situation spezifisch ausgerichtete Frage und eine passende Fragetechnik sind entscheidend für die Qualität und die Tiefe der Antwort. Dem Verhandlungspartner sollte das Ziel oder der Sinn Ihrer Fragen so klar wie möglich sein, und Ihre Fragen sollten aus dem Kontext heraus gestellt sein, im Sinne eines Dialogs, andernfalls wirken Fragen sehr schnell verhörartig.

Überprüfen Sie die Fragen, die Sie üblicherweise verwenden, und formulieren Sie danach mindestens zehn weitere offene Fragen für Ihre Verhandlungspraxis im Notizbereich auf dieser Seite. Sie erstellen damit Ihren persönlichen Fragenkatalog, den Sie bei zukünftigen Verhandlungen einsetzen können.
Reflektieren Sie Ihr eigenes Verhalten im Alltag in Situationen, nachdem Sie eine Frage gestellt haben. Wie häufig kommt es vor, dass Sie die Antwort Ihres Gegenübers auf Ihre Frage nicht abwarten und gleich die nächste Frage stellen oder ein Argument abfeuern? Ziel einer Frage ist immer die Antwort, also schweigen Sie und lassen Sie Ihr Gegenüber antworten. Die Stille, das Schweigen nach einer Frage ist daher ebenso wichtig wie die passgenaue Frage und die richtige Frageart.

Frage: Haben Sie schon an die Einträge in Ihrem Erfolgstagebuch gedacht?

Notizen, Erkenntnisse:

Übung 18: Aktives Zuhören

Anleitung zur Übung »Aktives Zuhören«
Wer redet, kann nicht zuhören, und Zuhören ist mehr, als unseren Verhandlungspartner nicht zu unterbrechen. Unbenommen der Tatsache, dass der Mensch zwei Ohren und nur einen Mund hat, fällt es ihm häufig schwer zuzuhören. Noch schwerer fällt es häufig, die Aussagen unseres Verhandlungspartners anzunehmen, ohne sie zu interpretieren. Entwicklungsgeschichtlich war das ein klarer Überlebensvorteil: Mit wenig Information kann unser Gehirn sehr schnell ein Bild zusammensetzen (unsere eigene Realität gewissermaßen erzeugen) und daraufhin eine Reaktion, eine Handlung, auslösen. Wahrnehmung – Interpretation – Verhalten laufen als Automatismus ab. Für die Realität in geschäftlichen Verhandlungen ist dieser Automatismus wenig hilfreich. Das Risiko von Fehlinterpretationen ist hoch. Solche Fehlinterpretationen können wiederum Unverständnis oder sogar Verärgerung beim Verhandlungspartner auslösen. (vgl. Friedemann Schulz von Thun: »Sender/Empfänger Problematik« und »Die vier Seiten einer Botschaft«: »Da ist was Grünes in der Soße«). Auf der Basis von fehlendem oder unzureichendem gegenseitigem Verständnis kann keine erfolgreiche Gewinner-Gewinner-Verhandlung aufgebaut werden. Leider können wir nicht verhindern, dass dieser Mechanismus in unserem Gehirn abläuft. Wir können uns diesen Zusammenhang bewusst machen und so aktiv Interpretation und Wahrnehmung unterscheiden. Die Technik des »aktiven Zuhörens« ist ein geeignetes Werkzeug dazu. Lesen Sie gegebenenfalls nocheinmal das entsprechende Kapitel 3.3.1 im Buch. Setzen Sie diese Technik bewusst bei Ihren Gesprächen im »Alltag« ein und beobachten Sie, wie sich kleine oder größere Änderungen in der Gesprächsatmosphäre einstellen. Wie viel mehr Informationen über Ihren Verhandlungspartner und dessen Umfeld haben Sie erhalten? Notieren Sie Ihre Erkenntnisse dazu.

Wie viele Erfolgserlebnisse stehen schon in Ihrem Erfolgstagebuch?

Notizen, Erkenntnisse:

....

....

....

....

....

....

....

....

....

....

....

....

....

Übung 19: Menschenkenntnis

Anleitung zur Übung »Menschenkenntnis«
Machen Sie heute einen Termin mit einem Freund oder einer Freundin aus, der/die gut Menschen beobachten kann. Treffen Sie sich in einer Bar, in einem netten Café oder an einem belebten öffentlichen Platz und beobachten Sie Menschen. Machen Sie sich dabei jeweils unabhängig voneinander schriftliche Notizen zu bestimmten Personen. Folgende Fragestellungen sind dabei von Interesse:
Was ist das für ein Mensch?
Welchen Beruf wird dieser Mensch ausüben?
Welche Verhandlungsposition wird dieser Mensch möglicherweise einnehmen?
Lebt dieser Mensch allein oder in einer Partnerschaft?
Was fällt mir sonst noch auf?

Wie würden Sie einen Gesprächseinstieg mit diesem Menschen formulieren?

Notieren Sie auch, wie Sie zu Ihren Schlüssen kommen, und vergleichen Sie danach Ihre Aufzeichnungen über ein und dieselbe Person. Ihre Rückschlüsse daraus notieren Sie bitte wieder im Notizbereich.

Denken Sie bitte an Ihr Erfolgstagebuch und notieren Sie sich darin drei bis fünf kleinere oder größere Erfolge des vergangenen Tages.

Notizen, Erkenntnisse:

Übung 20: Mentorenbesprechung Fragen

Anleitung zur Übung »Mentorenbesprechung Fragen«
Heute feilen Sie bitte mit Ihrem Mentor, Coach, Fankunden oder Kollegen an Ihrem persönlichen Fragenkatalog aus Übung 17. Halten Sie diese Fragen dann für Ihre Verhandlungspraxis bereit, und kontrollieren Sie nach jeder Verhandlung, wie gut diese Fragen funktioniert haben.

Haben Sie heute schon Ihre Erfolgserlebnisse in Ihr Erfolgstagebuch geschrieben?

Erkenntnisse, Notizen:

....

....

....

....

....

....

....

....

....

....

....

....

....

Übung 21: Auspendeln

Anleitung zur Übung »Auspendeln«
Unterscheidung Einwand – Vorwand. Notieren Sie sich drei konkrete Argumente und Vorschläge aus Ihrer Praxis und mögliche Einwände/Vorwände dazu. Üben Sie dann die Technik des Auspendelns mit einem Kollegen, Fankunden oder Familienangehörigen.

Ihre Argumente/Vorschläge:

- ...
- ...
- ...

Einwand/Vorwand:

- …
- …
- …

Auspendeln

1) Annehmen (»Ich verstehe, Sie sagen …«)
2) Aussage wiederholen (in den Worten des Gegenübers, keine eigenen Interpretationen)
3) Frage zu einem anderen Nutzen für Ihren Verhandlungspartner

Ihr Erfolgstagebuch wartet!

Erkenntnisse, Notizen:

....
....
....
....
....
....
....
....
....
....
....
....
....

Übung 22: Einwände

Anleitung zur Übung »Einwände«

Einwände sind Zeichen für Interesse und Verhandlungswilligkeit des Verhandlungspartners. Wie lauten die wichtigsten Einwände aus Ihrer Praxis? Überlegen Sie, welche Bedürfnisse des Verhandlungspartners hinter diesen Einwänden stehen können. Beachten Sie, dass hinter einem Einwand auch mehrere unterschiedliche Bedürfnisse stehen können.

Es ist in Ordnung, an einem Tag auch mal mehr als fünf Erfolgserlebnisse in Ihr Erfolgstagebuch zu notieren. Viel Spaß dabei.

Erkenntnisse, Notizen:

Übung 23: Einwand behandeln

Anleitung zur Übung »Einwand behandeln«

Praxisbeispiel: Sie sind Anbieter von integrierten Softwarelösungen und haben sich auf den Dienstleistungssektor spezialisiert. Durch eine Empfehlung haben Sie die Möglichkeit für ein Gespräch mit dem Geschäftsführer eines Herstellers für Abfüllmaschinen erhalten. Das Gespräch verläuft aus Ihrer Sicht sehr zufriedenstellend. Als Sie konkreter in Richtung einer möglichen Zusammenarbeit steuern, entgegnet Ihr Gesprächspartner: »Mich stört die fehlende Erfahrung Ihrer Firma in unserer Branche.«

Wie gehen Sie in dieser Situation ganz konkret bezüglich der Einwandbehandlung vor?

Erarbeiten Sie zusätzliche Lösungen für Einwände Ihrer Verhandlungspartner aus Ihrer Praxis (Übung 22). Verwenden Sie zur Lösung eines Einwands unterschiedliche Techniken. Lesen Sie gegebenenfalls nocheinmal das Kapitel 3.3.1.4 im Buch.

Denken Sie bitte an Ihr Erfolgstagebuch und notieren Sie sich darin drei bis fünf kleinere oder größere Erfolge des vergangenen Tages.

Erkenntnisse, Notizen:

Übung 24: Umgang mit dem Forderungskatalog

Anleitung zur Übung »Umgang mit dem Forderungskatalog«
Formulieren Sie heute, wie Sie Ihre Forderungen verpacken. Wie reagieren Sie auf den Forderungskatalog des Verhandlungspartners? Lesen Sie dazu das gleichnamige Kapitel 3.3.2.1 im Buch und entwickeln Sie Ihre persönliche Vorgehensweise für Ihre Praxis.

Formulieren Sie für fünf konkrete Beispiele aus unterschiedlichen Verhandlungssituationen aus Ihrer Praxis Ihre maximalen Forderungen und jeweils Ihr Subziel (BATNA).

Vielleicht sind die täglichen Eintragungen in Ihr Erfolgstagebuch schon fast zur Selbstverständlichkeit geworden.

Erkenntnisse, Notizen:

Übung 25: Argumente und Nutzen

Anleitung zur Übung »Argumente und Nutzen«

Argumente sind Appelle an den Verstand des Verhandlungspartners. Die Überzeugungskraft Ihrer Argumente hängt stark von der sachlichen Richtigkeit und der Nachvollziehbarkeit ab (welchen Nutzen hat der Verhandlungspartner?). VBC hat eine dreistufige Technik, die MNC®-Technik (**M**erkmal – **N**utzen – **C**hecking), entwickelt, um einerseits den Produktnutzen (oder den Nutzen einer Dienstleistung) zu kommunizieren und andererseits den Verhandlungspartner durch gezielte Kontrollfragen in den Dialog zu holen.

- Das Merkmal ist eine Eigenschaft Ihres Angebots, ein Argument für Ihren Vorschlag.
- Der Nutzen ist ein Vorteil für den Verhandlungspartner, den er durch Ihr Angebot erreichen kann. Was bringt Ihr Angebot dem Verhandlungspartner?
- Checking bedeutet nachfragen, ob dieser Nutzen auch als solcher vom Verhandlungspartner gesehen wird.

Wir kaufen eben nicht die Bohrmaschine wegen der tollen Drehzahl, sondern weil wir gerne sicher und kraftvoll Löcher in die Wand bohren können wollen.

Priorisieren Sie die häufigsten Argumente für Ihre Produkte oder Dienstleistungen aus Ihrer Praxis nach Wichtigkeit und formulieren Sie zu jedem Argument den Nutzen für einen potenziellen Verhandlungspartner. Möglicherweise finden Sie für ein Merkmal Ihres Produkts/Ihrer Dienstleistung unterschiedliche Nutzenformulierungen.

Möglicherweise fällt es Ihnen jetzt schon leichter, täglich drei bis fünf positive Erlebnisse des vergangenen Tages zu erinnern und in Ihr Erfolgstagebuch zu notieren.

Erkenntnisse, Notizen:

Übung 26: Die Struktur eines Vorschlags

Anleitung zur Übung »Die Struktur eines Vorschlags«
Vorschläge schlagen Argumente. Lesen Sie bitte auch das entsprechende Kapitel 3.3.2.4 im Buch.
Wie verpacken Sie Ihre Vorschläge?
Erarbeiten Sie konkrete Formulierungen für mindestens fünf unterschiedliche Vorschläge aus Ihrer Verhandlungspraxis.

Stehen für den heutigen Tag schon positive Erlebnisse in Ihrem Erfolgstagebuch?

Erkenntnisse, Notizen:

Übung 27: Verhandlungsjudo

Anleitung zur Übung »Verhandlungsjudo«
Praxisbeispiel: Sie sind aufgrund Ihrer hervorragenden Verkaufsergebnisse vom Außendienstmitarbeiter zum regionalen Verkaufsleiter eines pharmazeutischen Unternehmens befördert worden. In Ihrem Team sind Sie für zehn Außendienstmitarbeiter verantwortlich. Sie planen einen Begleitbesuch mit Ihrem Mitarbeiter Herrn Dorn. Herr Dorn arbeitet schon seit 25 Jahren im Unternehmen (Sie selbst seit drei Jahren) und ist sehr erfolgreich in seinem Tätigkeitsbereich. Nach einem unverfänglichen Smalltalk ergreift Herr Dorn das Wort und sagt: »Ich arbeite jetzt seit einem Vierteljahrhundert in meinem Gebiet und bin in den ganzen Jahren immer im Top-Club der drei besten Verkäufer. Was wollen Sie mir überhaupt noch beibringen?«

Wie reagieren Sie? Entwickeln Sie unterschiedliche Vorgehensweisen und denken Sie dabei an das Prinzip »Verhandlungsjudo«. Lesen Sie bitte die Kapitel »Verhandlungsjudo« und »Optionen« im Buch und notieren Sie Ihre Erkenntnisse dazu.

Erfolgstagebuch ...!

Erkenntnisse, Notizen:

....

....

....

....

....

....

....

....

....

....

....

Übung 28: Optionen

Anleitung zur Übung »Optionen«

Praxisbeispiel: Sie haben zugestimmt, Ihrem langjährigen Freund beim Umzug zu helfen. Er verlässt sich auf Sie, der Transport-Lkw ist bestellt. Der Umzug muss zu diesem Termin erfolgen, da die Nachmieter am folgenden Tag einziehen. Zu Hause angekommen, sagt Ihre Frau: »Ich bin so froh, dass wir unseren Urlaub in diesem Jahr schon geplant haben, und freue mich wirklich riesig darauf. Ich bin jetzt auch wirklich urlaubsreif.« Nun wissen Sie konkret, warum Sie vorhin irgendwie ein seltsames Gefühl hatten, als Sie den Umzugstermin zusagten. Natürlich, der Familienurlaub, zum gleichen Zeitpunkt! Sie möchten Ihrem Freund auf keinen Fall absagen. Wie werden Sie vorgehen? Welche Fragen werden Sie stellen? Welche Optionen werden Sie entwickeln, um Ihr Versprechen zu halten und es gleichzeitig schaffen zu können, dass der Haussegen nicht schief hängt?

Erkenntnisse, Notizen:

Übung 29: Zugeständnisse

Anleitung zur Übung »Zugeständnisse«
Formulieren Sie heute Zugeständnisse an einen Verhandlungspartner aus Ihrer täglichen Praxis. Zugeständnisse sind Aspekte, die für Sie verzichtbar sind, für Ihren Verhandlungspartner aber möglicherweise einen großen Wert darstellen. Diskutieren Sie Ihr Ergebnis mit Ihrem Coach oder Mentor.

Denken Sie bitte an Ihr Erfolgstagebuch und notieren Sie sich darin drei bis fünf kleinere oder größere Erfolge des vergangenen Tages.

Erkenntnisse, Notizen:

Übung 30: Was habe ich zurückbekommen?

Anleitung zur Übung »Was habe ich zurückbekommen?«
Überlegen Sie, was oder wie viel Sie für gegebene Zugeständnisse in den vergangenen Verhandlungen bekommen haben. Denken Sie insbesondere bei Ihren zukünftigen Verhandlungen an das Prinzip »Wenn Sie ..., dann wir ...!«. Überlegen Sie sich konkrete Formulierungen für Beispiele aus Ihrer Verhandlungspraxis.

Auch heute wieder: Erfolgstagebuch führen.

Erkenntnisse, Notizen:

Übung 31: Fankundeninterview Zugeständnisse

Anleitung zur Übung »Fankundeninterview Zugeständnisse«
Vereinbaren Sie einen Termin mit einem Fankunden oder einer Kollegin/einem Kollegen und diskutieren Sie die Wertigkeit Ihrer Zugeständnisse für einen potenziellen Verhandlungspartner. Entwickeln Sie gemeinsam weitere Zugeständnisse.

Ganz spannend kann es sein, an den Anfang der Aufzeichnungen in Ihrem Erfolgstagebuch zu blättern und Ihre positiven Erlebnisse von damals zu lesen.

Erkenntnisse, Notizen:

Übung 32: Videoübung Verhandlungssituation aus Ihrer Praxis

Anleitung zur Übung »Videoübung Verhandlungssituation aus Ihrer Praxis«

Machen Sie heute eine Videoaufzeichnung von Ihrem in Übung 16 vorbereiteten eigenen Praxisfall. Dazu soll Ihr Gesprächspartner die Rolle des Verhandlungspartners übernehmen. Sie können sich vorher ein Szenario zurechtlegen; erklären Sie Ihrem Gesprächspartner die Rolle genau. Stellen Sie die Stoppuhr auf 15 Minuten. Für die Analyse und das Feedback für die Gesprächsübung in der Verhandlungssituation können Sie das Feedbackformular am Ende des Buchs verwenden.

Können Sie sich noch an die Zeit erinnern, in der Sie noch kein Erfolgstagebuch täglich geführt haben?

Erkenntnisse, Notizen:

Übung 33: Ausstiegsszenario

Anleitung zur Übung »Ausstiegsszenario«
Die Möglichkeit eines Scheiterns in die Vorbereitung für eine Verhandlung mit einzubeziehen, stärkt Ihre Verhandlungsposition. Sie sind nicht erpressbar. Überlegen Sie sich heute Formulierungen für einen Ausstieg aus einer Verhandlung aus Ihrer Praxis. Beachten Sie dabei, dass weder Sie noch Ihr Verhandlungspartner das Gesicht verlieren soll. Schlagen Sie die Tür nicht ganz zu, sondern erhalten Sie sich Optionen für eine Wiederaufnahme oder Neuaufnahme der Verhandlung.

Sie wissen sicher, was jetzt kommt: Denken Sie bitte an Ihr Erfolgstagebuch und notieren Sie sich darin drei bis fünf kleinere oder größere Erfolge des vergangenen Tages.

Erkenntnisse, Notizen:

Übung 34: Umarmung und Schmeicheleien

Anleitung zur Übung »Umarmung und Schmeicheleien«
Praxisbeispiel: Sie sind Hersteller von Batterien für den Endkunden und haben schon langjährige Kontakte mit dem Einkäufer Ihres größten Kunden, einer Baumarktfilialkette. Sie kennen sich auch privat. In der heutigen Verhandlung geht es um eine Vertragsverlängerung. Gleich am Anfang nimmt Sie der Einkäufer ein wenig zur Seite, legt den Arm um Sie und sagt: »Du kannst mir heute einen Riesengefallen erweisen. Wir kennen uns doch auch privat ganz gut, und bei mir steht eine Beförderung an.« Kurze Pause. »Nun, alles, was ich dazu noch brauche, ist, heute einen wirklich guten Abschluss für unser Geschäft mit dir hinzukriegen, dann rutsche ich eine Stufe höher.«
Wie gehen Sie weiter vor?

Menschen benötigen mindestens 21 Tage, um ein neues Verhalten im täglichen Alltag zu etablieren. Dazu muss das neue Verhalten 21 Tage lang täglich wiederholt trainiert werden. Möglicherweise brauchen Sie noch einige Tage für Ihre Erfolgstagebuchroutine?

Erkenntnisse, Notizen:

....
....
....
....
....
....
....
....
....
....
....
....
....

Übung 35: Versprechungen

Anleitung zur Übung »Versprechungen«
Praxisbeispiel: Sie sind auf die Einhaltung der Lieferfristen Ihres Zulieferers angewiesen und können sich keinen Produktionsrückgang erlauben. Ein für Sie neuer Zulieferer, der um 38 Prozent günstiger als Ihr bewährter Zulieferer anbietet, verspricht Ihnen, selbstverständlich die Liefertermine einzuhalten. »Das versteht sich doch von selbst, wir halten natürlich die Lieferfristen ein.« Wie gehen Sie hier weiter vor? Reicht Ihnen das glaubwürdige Versprechen des Zulieferers? Wie häufig nutzen Sie selbst diese Taktik, und wie fühlt sich dabei möglicherweise Ihr Geschäftspartner?

Denken Sie gerade heute an Ihr Erfolgstagebuch und notieren Sie sich darin drei bis fünf kleinere oder größere Erfolge des vergangenen Tages.

Erkenntnisse, Notizen:

Übung 36:
Rücksprache wegen mangelnder Kompetenz

Anleitung zur Übung »Rücksprache wegen mangelnder Kompetenz«
»Tut mir leid, aber das kann ich nicht entscheiden.«
Lesen Sie das entsprechende Kapitel 3.3.3.3 im Buch und arbeiten Sie drei bis vier konkrete alternative Formulierungen und Vorgehensweisen für Ihre Praxis aus. Bedenken Sie dabei: Wenn diese Taktik bewusst eingesetzt wird, kann Ihr Verhandlungspartner möglicherweise trotzdem die Entscheidungskompetenz haben!

Im Erfolgstagebuch bitte die positiven Erlebnisse des vergangenen Tages notieren.

Erkenntnisse, Notizen:

Übung 37: Genau und spezifisch

Anleitung zur Übung »Genau und spezifisch«

Praxisbeispiel: Stellen Sie sich folgende Bewerbungssituation vor: Frau Hirte, Personalchefin bei der Fiura AG, führt seit etwa einer Stunde ein Bewerbungsgespräch mit Herrn Jost für eine Führungskräftenachwuchsposition. Die Fragen zum Gehalt stehen nun an.

Frau Hirte: »Was sind denn Ihre Gehaltsvorstellungen, Herr Jost?«

Herr Jost: »Nun ja, was bieten Sie denn für diese Position an?«

Frau Hirte: »Das hängt von vielen Faktoren ab. Was haben Sie denn bis jetzt verdient?«

Herr Jost: »Meinen Sie brutto oder netto? Warten Sie mal, so ungefähr 4500 Euro.«

Frau Hirte denkt sich: »Bei wie viel Gehältern pro Jahr? Irgendwelche Zusatzleistungen? Variable Anteile???« Und sagt: »Was möchten Sie denn bei uns verdienen?«

Herr Jost: »Etwas mehr müsste es dann schon sein.«

Was glauben Sie, was oder wie viel Herr Jost angeboten bekommt, vorausgesetzt, er würde den Job überhaupt bekommen?

Wählen Sie für Verhandlungen eine klare, deutliche Sprache und eine ebenso klare Körpersprache und vermeiden Sie Weichmacher und Generalisierungen wie »vielleicht«, »in etwa«, »ungefähr«, »wie immer«, »etwas mehr als beim letzten Mal«, »ich versuch's mal«, »mal sehen« und vieles mehr. Sagen Sie genau und spezifisch, was Sie wollen!

Holen Sie sich aus Ihrem beruflichen und/oder privaten Umfeld Feedback über Ihre Körpersprache, über Ihre Aussprache und über möglicherweise von Ihnen verwendete Lieblingsweichmacher. Reflektieren Sie die gewonnenen Fremdbilder und notieren Sie sich Ihre Erkenntnisse.

Wenn Sie gestern Ihre Eintragungen im Erfolgstagebuch vergessen haben sollten, können Sie das mit Ihren Eintragungen heute nachholen.

Erkenntnisse, Notizen:

Übung 38: Treffen in der Mitte

Anleitung zur Übung »Treffen in der Mitte«
Entscheidend für das Verhandlungsergebnis ist die Höhe der Forderungen, mit denen Sie in die Verhandlung einsteigen, und wie schnell und in welchen Schritten Sie die Forderungen nach oben oder unten anpassen, also Konzessionen geben.
Praxisbeispiel: Sie melden sich auf folgendes Zeitungsinserat: »Verkaufe gebrauchte Dachträgerbox: VB 180 Euro, Tel: ...«
Mit welchem Preis steigen Sie ein? Bieten Sie dem Verkäufer 150 Euro oder möglicherweise 90 Euro, vielleicht auch nur 35 Euro? Welchen weiteren Verlauf kann diese Verhandlung in Abhängigkeit von Ihrem Einstiegspreis nehmen?

Notieren Sie Ihre Erkenntnisse und Implikation für Ihre zukünftigen Verhandlungen.

Nach der heutigen Übung steht hier keine Erinnerung an Ihr Erfolgstagebuch.

Erkenntnisse, Notizen:

Übung 39: Offene Tür

Anleitung zur Übung »Offene Tür«
Praxisbeispiel: Sie sind Anbieter von Sprachkursen im Businessbereich. Ihr potenzieller Kunde hat für diese Jahr nur ein kleines Budget zur Verfügung – bei weitem nicht ausreichend für Ihre Leistungsangebote. Sie können keinen Preisnachlass geben, möchten aber die Optionen für eine spätere Geschäftsbeziehung offen halten.
Wie gehen Sie vor?

Überlegen Sie sich, wie und an welcher Stelle einer Verhandlung Sie diese Taktik in Ihrer Praxis einsetzen können. Erarbeiten Sie für sich konkrete Formulierungen zur Anwendung.

Wie erkennen Sie, wenn ein Verhandlungspartner diese Taktik einsetzt? Entwickeln Sie eine Strategie, wie Sie in diesem Fall reagieren, um die Verhandlung positiv zu beeinflussen.

Wie viel Spaß macht Ihnen die tägliche Reflexion über Ihre positiven Erlebnisse?

Erkenntnisse, Notizen:

Übung 40: Zeit und Termindruck

Anleitung zur Übung »Zeit und Termindruck«
Praxisbeispiel: Sie wollen sich ein neues Auto kaufen und haben sich schon für einen bestimmten Vorführwagen, der Ihren Vorstellungen genau entspricht, entschieden. Das Preis-Leistungs-Verhältnis stimmt, Sie möchten jedoch gerne noch einen Tag Bedenkzeit haben.
Der Verkäufer sagt: »Ich kann Ihnen das Auto nicht reservieren. Für dieses Auto melden sich viele Interessenten. Wenn ein anderer das Auto will, ist es definitiv weg.« Wie reagieren Sie?

Praxisbeispiel: Sie sind Anbieter von Rohrleitungssystemen im Sanitärbereich. Sie haben einen Termin beim Einkäufer eines Großhändlers für Installationsbedarf. Sie waren sehr pünktlich, sitzen jetzt allerdings schon 20 Minuten im Besprechungsraum und warten auf Ihren Gesprächspartner. Nach weiteren zehn Minuten kommt der Einkäufer Herr Müller-Schüttler ganz entspannt in den Raum und begrüßt Sie. Wie gehen Sie weiter vor? Wie reagieren Sie auf das offensichtliche Zuspätkommen? Sprechen Sie Herrn Müller-Schüttler auf die lange Wartezeit an, wenn ja, wie? Welche Gefühle entstehen bei Ihnen in einer solchen Situation? Wenn Sie selbst diese Taktik einsetzen, wie fühlen Sie sich dabei?

Nehmen Sie sich auch heute ein paar Minuten Zeit und notieren Sie sich positive Erlebnisse des vergangenen Tages in Ihr Erfolgstagebuch.

Erkenntnisse, Notizen:

Übung 41: Präzedenzfall

Anleitung zur Übung »Präzedenzfall«
Praxisbeispiel: Sie sind ein regionaler Hersteller von Verpackungen aller Art. Ein Termin bei einem Ihrer Kunden, einem Online-Versandhändler, steht an. Es geht um Folgeaufträge. Nun ist es so, dass sich vor zwei Wochen Ihre Lieferbedingungen geändert haben, Sie versenden jetzt über einen privaten Anbieter, daher sind die Kosten um 9,6 Prozent höher, bei sonst gleichen Bedingungen für Ihre Kunden. Über den Folgeauftrag werden Sie sich mit Ihrem Kunden schnell einig, dann verkünden Sie die veränderten Lieferbedingungen. Ihr Kunde entgegnet: »Nun, ich gehe davon aus, dass für uns die gleichen Bedingungen gelten wie immer!« Wie werden Sie weiter vorgehen?

Lesen Sie auch den entsprechenden Abschnitt 3.3.3.8 im Buch. Überlegen Sie sich, wie und an welcher Stelle der Verhandlung Sie selbst diese Taktik in Ihrer Praxis einsetzen können.

Wenn Sie möchten, können Sie auch Freunde und Kollegen ermuntern, ein Erfolgstagebuch zu führen.

Erkenntnisse, Notizen:

Übung 42: Drohungen

Anleitung zur Übung »Drohungen«
Im Gegensatz zur erfolgreichen Technik in Gewinner-Gewinner-Verhandlungen »Wenn Sie ..., dann wir ...!« ist das Erkennungszeichen für Drohungen oft die Formulierung »Wenn Sie **nicht** ..., dann wir ...!« Diese Taktik wird oft vom »mächtigeren« Verhandlungspartner eingesetzt und ist für eine Gewinner-Gewinner-Strategie nur bedingt geeignet, da es sich um ein nicht-kooperatives Verhalten handelt. Entscheiden Sie, in welchen Situationen in Ihrer Praxis Sie diese Taktik verwenden möchten. Als Reaktion auf Drohungen Ihres Verhandlungspartners ist Verhandlungsjudo (Kapitel 3.3.2.2) sehr gut geeignet.

Praxisbeispiel: Sie möchten sich als Franchisenehmer selbstständig machen. Die Verhandlungen mit dem Franchisegeber sind schon in der vierten Runde. Bei der heutigen Verhandlung unterbricht Sie der Franchisenehmerbetreuer der Firma »Soup to go« und sagt: »Herr Firek, wir treffen uns hier, heute zum vierten Mal, wir sind uns im Grunde einig. Sie haben keine Fragen mehr, und um auf Ihre und auf meine Zeitressourcen Rücksicht zu nehmen, möchte ich, dass Sie sich jetzt, hier und heute entscheiden. Wenn nicht, ist unsere Entscheidung gefallen. Wir würden dann von einer Partnerschaft mit Ihnen absehen.« Formulieren Sie ganz konkret, wie Sie in diesem Fall weiterverhandeln würden. Welches Gefühl entsteht durch die Äußerung des Franchisenehmerbetreuers bei Ihnen?

Kein Tag ohne Eintrag!

Erkenntnisse, Notizen:

Übung 43: Wechselseitigkeit

Anleitung zur Übung »Wechselseitigkeit«

Praxisbeispiel: Sie sind Immobilienmakler. Ein Interessent für eine Gewerbeimmobilie in bester Lage kommt schon zum dritten Mal zur Objektbesichtigung. Der Marktpreis für diese Immobilie beträgt in etwa 950.000 Euro. Leider haben Sie nicht viele Interessenten. Ihr Kunde macht Ihnen nun folgenden Vorschlag: »Ich

biete Ihnen 150.000 Euro, wir können das Geschäft morgen abschließen, dann haben Sie übermorgen das Geld.«
Es gibt sicher verschiedene Möglichkeiten, professionell darauf zu reagieren; im Sinne der Taktik »Wechselseitigkeit« könnte eine Reaktion von Ihnen sein: »Wissen Sie, ich gebe Ihnen das Objekt für 20.000 Euro und übernehme sämtliche Notariatskosten und verzichte darüber hinaus auf meine Provision. Was denken Sie? Oder sollten wir doch wieder auf eine vernünftige Verhandlungsbasis zurückkehren.«

Welche alternativen Reaktionsmöglichkeiten sehen Sie?

Notieren Sie sich heute Ihre Erfolgserlebnisse des vergangenen Tages in Ihr Erfolgstagebuch.

Erkenntnisse, Notizen:

Übung 44: Die Teile oder das Ganze

Anleitung zur Übung »Die Teile oder das Ganze«
Praxisbeispiel: Sie sind Bauträger mit einer Spezialisierung für den privaten Hausbau. Sie haben mehrere Angebotsvarianten:

Variante 1: Schlüsselfertig, inklusive aller Architektenleistungen, Innenausbauten, Garage, Gartengestaltung, Notar, behördlichen Anträgen. Ein Fixpreis für das Gesamtpaket.

Variante 2: Fixpreis für den Rohbau. Keller, Innenausbau, Garage, Gartengestaltung extra. Teilweise sind Eigenleistungen des Bauherrn anrechenbar.

Welche Auswirkungen haben die unterschiedlichen Varianten auf eine Verhandlung mit einem potenziellen Käufer?
Was ist aus Ihrer Sicht bei welcher Variante von Vorteil für den Bauträger, was für den Käufer?

Wie werden Sie diese Taktik (die Teile oder das Ganze) in Ihrer Verhandlungspraxis umsetzen?

Erkenntnisse, Notizen:

Übung 45: Dazugeben

Anleitung zur Übung »Dazugeben«
Praxisbeispiel: Sie haben einen Gutschein für ein Bodypainting für über 300 Euro erworben. Sie freuen sich auf den Termin, für den etwa vier Stunden Zeit veranschlagt sind. Bei der kurzfristigen Terminbestätigung zur Vereinbarung der Details sagt Ihnen die Inhaberin des Studios: »Übrigens, wenn Sie professionelle Fotos haben wollen, können wir einen Fotografen dazubestellen. Das kostet dann 65 Euro für 25 Bilder; wenn Sie die Bilder hochauflösend wollen, dann kostet das 125 Euro extra.«
So weit alles in Ordnung, bei der sparsamen Anwendung dieser Taktik. Übertreiben Sie, werden Sie eher ein schlechtes Gefühl bei Ihrem Kunden beziehungsweise Verhandlungspartner erzeugen.
Bleiben wir beim Beispiel Bodypainting-Studioinhaberin: »Wenn Sie sich für die Fotos entscheiden, sollten Sie auch Ihr Gesicht professionell schminken lassen. Das Gesamtbild ist dadurch einfach schöner und stimmiger. Ihr Gutschein beinhaltet nur den Farbauftrag am ganzen Körper, ausgenommen Hals und Gesicht. Ich kann Ihnen das Gesamtpaket für 190 Euro anbieten.«
Wie würden Sie jetzt weiter vorgehen? Welches Gefühl entsteht bei Ihnen?

Denken Sie bitte an Ihr Erfolgstagebuch und notieren Sie sich darin drei bis fünf kleinere oder größere Erfolge des vergangenen Tages.

Erkenntnisse, Notizen:

Übung 46: Wegnehmen

Anleitung zur Übung »Wegnehmen«

Praxisbeispiel: Der Persönlichkeitstrainer Dr. Asmussen ist am Vortag zu einem Training nach Braunschweig angereist. Bei der Vorbereitung des Trainingsraums fällt ihm auf, dass die dringend benötigte Videokamera fehlt. Er macht sich auf den Weg in den nächsten Hi-Fi und Videomarkt »Jupiter«. Er findet mithilfe des sehr kompetent wirkenden Verkäufers sehr schnell das passende Modell und sagt nun (in der Annahme, dass die Margen viel größer sind): »Zehn Prozent Rabatt will ich mindestens, ich zahle auch bar.« Der Verkäufer geht nach hinten in ein Büro. Nach kurzer Zeit kommt er mit verschiedenen Listen zurück. »Sehen Sie, Herr Dr. Asmussen, das ist die Übersicht über die Einkaufs- und Verkaufspreise unserer Videogeräte. Wenn ich Ihnen bei Ihrem Modell zehn Prozent geben würde, zahle ich drauf.« Anscheinend war Ihre Forderung zu hoch. Formulieren Sie Möglichkeiten, wie Sie weiter verhandeln können! Neben der Taktik »Wegnehmen« können Sie bei diesem Praxisbeispiel alternative Vorgehensweisen einsetzen.

Ihr Erfolgstagebuch wartet!

Erkenntnisse, Notizen:

Übung 47: Versuchsballon

Anleitung zur Übung »Versuchsballon«

Praxisbeispiel: Sie sind Außendienstmitarbeiter eines Bürofachhandels. Sie haben einen Termin bei Herrn Mayer, Einkäufer der Firma Marox, ein deutschlandweit tätiges Personaldienstleistungsunternehmen. Der Kunde kauft von Ihnen bislang ausschließlich das benötigte Kopierpapier. Jetzt möchte er den Preis für das Papier bei gleichen Bestellmengen um weitere sieben Prozent drücken. Darauf sagen Sie: »Nur mal angenommen, Herr Mayer, Sie würden sagen, ab sofort kaufen wir nicht nur das gesamte Kopierpapier bei Ihnen, sondern unseren gesamten Bürobedarf. Dann könnten wir auch über weitere Rabatte sprechen. Was halten Sie davon, Herr Mayer?«

Bei der Anwendung dieser Taktik ist die Verwendung des Konjunktivs (könnten, würden ...) angebracht. Wie können Sie diese Taktik in Ihrer Praxis konkret umsetzen?

Erkenntnisse, Notizen:

Übung 48: Lügen

Anleitung zur Übung »Lügen«
Diese Taktik hat in einer fairen Verhandlung nichts zu suchen! Leider wird sie von manchen (unfairen) Verhandlungspartnern dennoch eingesetzt. Daher ist es wichtig zu wissen, wie Sie damit umgehen können. Entwickeln Sie eine Strategie, wie Sie auf dieses Verhalten reagieren, um die Verhandlung positiv zu beeinflussen. Erarbeiten Sie konkrete Formulierungen für Ihre Praxis. Nutzen Sie dazu auch die Beispiele aus Kapitel 3.3.3.14 im Buch.

Denken Sie bitte an Ihr Erfolgstagebuch und notieren Sie sich darin drei bis fünf kleinere oder größere Erfolge des vergangenen Tages.

Erkenntnisse, Notizen:

Übung 49: Reißleine

Anleitung zur Übung »Reißleine«
Bereiten Sie konkrete Formulierungen für ein Ausstiegszenario aus einer Verhandlung in Ihrem Geschäftsumfeld vor. Sie können Ihre verbalen Äußerungen bei dieser Taktik sehr eindrücklich durch körpersprachliche Signale unterstützen, indem Sie Ihre eigenen Unterlagen zusammenräumen, Ihr Notizbuch demonstrativ zuklappen, mit dem Stuhl etwas zurückrücken, den Kopf leicht schütteln, mit der Gesichtsmimik »Nein« ausdrücken (Lippen zusammenpressen) et cetera. Diese Taktik können Sie auch ausschließlich und sehr effektiv nonverbal (wie oben beschrieben) anwenden. Üben Sie dieses Vorgehen, bevor Sie es in der Praxis einsetzen. Wichtig ist: Schweigen Sie, nachdem Sie die »Reißleine« gezogen haben. Ihr Verhandlungspartner ist jetzt am Zug!

Nach einiger Zeit ist das tägliche Notieren in Ihr Erfolgstagebuch zur Normalität geworden.

Erkenntnisse, Notizen:

Übung 50: Signale

Anleitung zur Übung »Signale«
Die Wahrnehmungsgenauigkeit ist ein entscheidender Faktor für das Erkennen der Bereitschaft unseres Verhandlungspartners, eine Vereinbarung, einen Abschluss zu tätigen.
Ein solches Interesse können Sie an verbalen und an nonverbalen Signalen, die Ihr Verhandlungspartner bewusst oder unbewusst aussendet, erkennen:
Verbale Signale sind beispielsweise:

- Frage nach dem Preis.
- Frage nach Rabatten und Konditionen.
- Frage nach besonderen Details, wie Farbe oder Größe eines Produkts.
- Frage nach der Lieferzeit.

Nonverbale Signale können sein:

- Der Verhandlungspartner nimmt eine ähnliche Körperhaltung ein wie Sie.
- Der Verhandlungspartner spricht im gleichen Tempo, mit derselben Lautstärke, wie Sie.

Wenn Sie solche Signale erkennen, ist der richtige Zeitpunkt gekommen, die Abschlussfrage zu stellen.
Welche weiteren verbalen und nonverbalen Signale für den Abschluss einer Vereinbarung in Verhandlungen kennen Sie? Wie lautet Ihre Abschlussfrage? Lesen Sie dazu im Buch den entsprechenden Abschnitt 3.4 (Phase IV: Ergebnis) gegebenenfalls noch einmal.

Es ist schön, jeden Tag an so viele positive Erlebnisse zu denken.

Erkenntnisse, Notizen:

Übung 51:
Besuch bei einem Teppichfachverkäufer

Anleitung zur Übung »Besuch bei einem Teppichfachverkäufer«
Besuchen Sie heute ein Teppichhandelsgeschäft in Ihrer Stadt, natürlich nicht, um tatsächlich einen Teppich zu kaufen, sondern um die Strategie und die Taktik eines Teppichverkäufers zu beobachten. Bei diesen »ausgewiesenen Verhandlungsexperten« können Sie in aller Regel exzellente Kommunikationstechniken und Verhandlungsgeschick bewundern. Schärfen Sie Ihre Sinne und notieren Sie die Erfahrungen aus Ihren Beobachtungen und Ihre Erkenntnisse für Ihr eigenes Verhalten in Verhandlungen. Ganz sicher werden Sie viel Spaß bei diesem Experiment haben!

Ihre Erfahrungen aus dieser Übung sind möglicherweise sehr gut geeignet für Ihr Erfolgstagebuch.

Erkenntnisse, Notizen:

Übung 52: Bestätigen

Anleitung zur Übung »Bestätigen«
Praxisbeispiel: Sie haben gerade ein neues Auto erworben und sind mächtig stolz darauf. Bei der Verabschiedung im Autohaus sagt Ihr persönlicher Kundenberater:

Variante 1: »Herr Weber, viel Freude mit Ihrem neuen Flitzer!«

Variante 2: »Ich kann Sie nur beglückwünschen, Herr Weber! Ihre Freunde werden beeindruckt, vielleicht sogar ein bisschen neidisch sein, und Sie werden sich sagen: ›Wow, ist das ein tolles Gefühl, das war genau die richtige Entscheidung!‹«

Variante 1 oder 2? Welche wirkt wohl nachhaltiger?

Denken Sie an Situationen in denen Sie eine für Sie wichtige Anschaffung getätigt haben (Auto, Wohnung, Computer et cetera). Als Käufer wünscht man sich eine nachträgliche Bestätigung seiner Entscheidung, um ein gutes Gefühl zu haben und um die Kaufentscheidung im sozialen Umfeld rechtfertigen zu können. Wie wünschen Sie sich nach einem Kauf in Ihrer Entscheidung bestätigt zu werden? Erarbeiten Sie Bestätigungsformulierungen für Ihre tägliche Praxis.

Es war eine sehr gute Entscheidung von Ihnen ein Erfolgstagebuch zu führen.

Erkenntnisse, Notizen:

Übung 53: Analyse und Selbstreflexion

Anleitung zur Übung »Analyse und Selbstreflexion«
Bitte lesen Sie heute im Buch das Kapitel 3.4.3 »Analyse und Selbstreflexion« und machen Sie anhand der Checkliste eine Analyse eines Gesprächs aus der jüngeren Vergangenheit.
Überlegen Sie sich und notieren Sie, wie Sie diese Checkliste in Zukunft in Ihrer Praxis einsetzen werden.

Welche Veränderungen an sich selbst oder an Ihrem Verhalten können Sie wahrnehmen, seitdem Sie Ihr Erfolgstagebuch führen?

Erkenntnisse, Notizen:

Übung 54: Abschlusstest

Anleitung zur Übung »Abschlusstest«
Machen Sie heute den Abschlusstest »Erfolgreiche Verhandlungsführung im Verkauf« (Kapitel 9). Viel Erfolg dabei!

Die erfolgreiche Absolvierung des Abschlusstests und weitere zwei bis vier Erfolge notieren Sie bitte in Ihrem Erfolgstagebuch.

Erkenntnisse, Notizen:

Übung 55: Verhandeln im Team

Anleitung zur Übung »Verhandeln im Team«
Lesen Sie gegebenenfalls nochmal das Kapitel 4 im Buch. Planen Sie dann eine Verhandlung, die Sie in der Zukunft durchführen werden. Verteilen Sie die drei Rollen Verhandlungsführer, Zusammenfasser und Beobachter an Ihre Teammitglieder. Legen Sie Verantwortlichkeiten, Vorgehensweisen, Strategie und Taktiken fest. Nutzen Sie dazu auch die Checkliste »Verhandlungsvorbereitung«. Besprechen Sie Ihre Planung detailliert mit Ihrem Mentor

oder Coach. Notieren Sie im Anschluss an die Verhandlung Ihre Erfahrungen und Erkenntnisse. Verwenden Sie dazu die Checkliste »Analyse und Selbstreflexion«.

Wenn die leeren Seiten Ihres ersten Erfolgstagebuchs langsam alle gefüllt sind, denken Sie daran, ein neues Exemplar zu kaufen.

Erkenntnisse, Notizen:

Übung 56: Nichts macht erfolgreicher als der Erfolg

Anleitung zur Übung »Nichts macht erfolgreicher als der Erfolg«
Hurra, es ist vollbracht! Heute ist der letzte Tag Ihres persönlichen Trainingslehrgangs. Sie haben sich in den letzten Tagen, Wochen und Monaten intensiv mit den Themen rund um die erfolgreiche Verhandlungsführung beschäftigt und bereits vieles in Ihrer Praxis umgesetzt. Wahrscheinlich haben Sie schon von einigen Kollegen, Vorgesetzten, Trainern und von Kunden positives Feedback erhalten.

Nutzen Sie den Schwung des kontinuierlichen Lernens und setzen Sie sich Ziele für die Zukunft. Unterscheiden Sie dabei Ziele, die kurzfristig (ein bis zwölf Monate), mittelfristig (drei bis fünf Jahre) und langfristig (zirka zehn Jahre und mehr) sind. Formulieren Sie Ihre Ziele möglichst genau. Achten Sie darauf, dass Ihre Ziele positiv formuliert, messbar und für Sie selbst motivierend sind. Möglicherweise wirkt es zusätzlich motivierend, wenn Sie sich für die Erreichung der jeweiligen Ziele auch noch eine Prämie oder Belohnung in Aussicht stellen. Notieren Sie sich Ihre Ziele jetzt.

Erkenntnisse, Notizen:

9.

Abschlusstest: Erfolgreiche Verhandlungsführung im Verkauf

1) Das Vier-Phasen-Modell: »Erfolgreiche Verhandlungsführung im Verkauf« besteht aus folgenden Phasen:

Phase I:	V..........
Phase II:	E.......
Phase III:	V.................
Phase IV:	E.......

2) Welche Verhandlungstypen gibt es?

- Distributive Verhandlung
- Feilschen
- Preisverhandlung
- Integrative Verhandlung
- Gehaltsverhandlung
- Intuitive Verhandlung

3) Zu einer professionellen Verhandlungsvorbereitung gehören?

- Ungefähre Limits
- Zusatzwünsche
- Mein Forderungskatalog
- Zugeständnisse
- Sonstiges
- Zusatzwünsche
- Benötigte Unterlagen

4) Die Wirkung unserer Kommunikation verteilt sich auf verschiedene Kanäle wie folgt:

- 7 Prozent Inhalt
- 25 Prozent Körpersprache
- 55 Prozent Stimme
- 38 Prozent Stimme
- 20 Prozent Inhalt
- 55 Prozent Körpersprache

5) Wie viele Verhandlungspositionen nach Thomas/Kilman gibt es?

- 6
- 2
- Abhängig von der Situation
- 5
- 4

6) Welche Verhandlungspositionen nach Thomas/Kilman gibt es?

- Drängen
- Anpassen
- Verlieren
- Vermeiden
- Gewinnen
- Streiten

7) Sinnvolles »Spiegeln« bedeutet:

- Darauf zu achten, dass die Frisur gut sitzt, wenn man eine wichtige Verhandlung führt
- Sich dem Gegenüber anzupassen in Sprache, Körpersprache und Stimme

- Selbst unangebrachte Verhaltensweisen meiner Verhandlungspartner, Dialekte oder körperliche Gebrechen (wie Hinken) nachzumachen

8) Spiegeln hat folgenden Nutzen:

- Es lässt mich besser aussehen
- Mein Gesprächspartner wird verwirrt, und ich kann diese Verwirrung für mich nutzen
- Mein Gesprächspartner wird hypnotisiert und verliert die Kontrolle über seine Handlungen
- Mein Gesprächspartner erkennt, wer ich wirklich bin
- Ich schaffe damit rasch eine solide Beziehungsebene
- Man wird sich dadurch unbewusst sympathischer

9) Welches von den nachfolgenden Dingen soll man nicht spiegeln?

- Körper
- Dialekt
- Sprache
- Stimme
- Körperliche Gebrechen
- Unarten

10) Bei der Gewinner-Gewinner-Strategie ist entscheidend, dass …

- kein Aspekt wirklich wichtig ist
- ich eine starke Überzeugungskraft habe
- ein Mehrwert erzeugt wird
- Feindseligkeiten und Streit vermieden werden
- gemeinsam Lösungen gesucht werden
- langfristige Kundenbeziehungen resultieren
- eine schnelle Entscheidung herbeigeführt wird

11) Bei der Anwendung der Tit-for-Tat-Strategie muss ich …

- kooperativ starten
- immer kooperativ sein
- berechenbar sein
- immer einen Schritt voraus sein
- einen Win-loose-Standpunkt einnehmen
- dem Prinzip »Wie du mir, so ich dir« folgen

12) Beim Start der Verhandlung …

- redet zuerst der Verhandlungspartner
- rede ich zuerst
- wer mit seinen Forderungen startet, ist der Situation geschuldet

13) Welche der folgenden Aussagen zu Emotionen in Verhandlungen sind falsch?

- Keine Emotionen zulassen
- Emotionen schwanken im Verlauf von Verhandlungen
- Emotionen erkennen und kontrollieren
- Am Ende von Verhandlungen lösen positive Emotionen oft unnötige Zugeständnisse aus

14) Die Verhandlungsarena können Sie erweitern durch (Johari-Fenster):

- Zuhören
- Schweigen
- Sagen
- Andeuten
- Fragen
- Beweise vorlegen

15) Wichtige Fragen im Verhandlungskontext sind:

- Offene Fragen
- Rotierende Fragen
- Zukunftsfragen
- Hypothetische Fragen
- Geschlossene Fragen
- Alternativfragen
- Suggestivfragen
- Kurze Fragen

16) Folgende Aussagen zu Fragen sind richtig:

- Wer fragt, der führt
- Die beste offene Frage ist die Warum-Frage, da sie am meisten Information bringt
- Geschlossene Fragen bringen viel Information
- Immer nur eine Frage stellen, dann die Antwort abwarten
- »Wollen Sie diesen Vorschlag akzeptieren?« ist eine offene Frage
- Alternativfragen bieten immer mindestens drei Antwortmöglichkeiten

17) Zum aktiven Zuhören gehört:

- Blickkontakt
- Frage nach dem Befinden
- Nicken
- Mmh … mmh
- Vorausdenken
- Aussagen interpretieren
- Aussagen wiederholen

18) Welche Fragetechnik wird beim aktiven Zuhören verwendet?

- Bedarfsfrage
- Alternativfrage
- Rückkoppelungsfrage
- Geschlossene Frage

19) Mit der Technik des Auspendelns kann ich …

- einen professionellen Eindruck machen
- Einwände auf Relevanz abklopfen
- Einwände behandeln
- den Verhandlungspartner verwirren

20) Ein Einwand ist …

- ein negativer Ausdruck eines Bedürfnisses
- ein Problem
- nur zu lösen, wenn es notwendig erscheint
- ein wichtiger Hinweis, der zu beachten ist

21) Techniken zur Einwandbehandlung sind?

- »Letzter Einwand«
- Vertrösten
- Übergehen
- Relativieren
- Umwandlung in ein Bedürfnis

22) Was ist beim Umgang mit dem Forderungskatalog des Verhandlungspartners besonders wichtig?

- Punkte einzeln bearbeiten
- Ausreden lassen
- Prioritäten abklären

- Erst einmal ablehnen, um die eigene Position darstellen zu können
- Forderungskatalog als solchen akzeptieren

23) Welche Punkte sollte ich bei der Vorstellung meines Forderungskatalogs beachten?

- Das ich am meisten profitiere
- Meine maximalen Forderungen formulieren
- Punkte einzeln bearbeiten
- Der wichtigste Punkt zuerst
- Ein unwichtiger Punkt zuerst

24) Was genau bedeutet im Verhandlungskontext »Limit«?

- Bis wohin kann ich gehen?
- Weniger als das Limit bedeutet Verlust
- Die üblichen Prozente zu geben
- Dem Verhandlungspartner Grenzen aufzeigen

25) Welche Aussagen für Zugeständnisse im Verhandlungskontext sind falsch?

- Wichtige Aspekte für mich
- Wichtige Aspekte für den Verhandlungspartner
- Immer am Ende ein kleines Zugeständnis geben, um die Stimmung zu verbessern
- Niemals ein Zugeständnis geben
- Kein Zugeständnis, ohne etwas dafür zu bekommen

26) Erfolgreiche Handlungsempfehlungen für Verhandlungen sind:

- Feste eigene Position
- Gemeinsame Interessen und Optionen
- Gute Argumente
- Gute Vorschläge
- Wenn Sie ..., dann wir ...!
- Wenn wir ..., dann Sie ...!

27) Wenn eine Verhandlung in eine Sackgasse gerät, ist was zu tun?

- Zusammenfassen des bisher Erreichten
- Verhandlungspause vorschlagen
- Auf ein Ergebnis pochen
- Nicht nachgeben
- Kompromiss anstreben

28) Welche Taktiken sind besonders für die Gewinner-Gewinner-Strategie geeignet?

- Genau und spezifisch
- Treffen in der Mitte
- Offene Tür
- Lügen
- Die Teile oder das Ganze
- Versuchsballon

29) Wie reagieren Sie auf Drohungen im Verlauf einer Verhandlung?

- Ignorieren
- Gegenangriff starten
- Persönlich beleidigt reagieren

- Verständnis zeigen und gemeinsame Interessen suchen
- Ausstiegsszenario vorbereiten

30) Welche Reaktionen auf die Taktik Versprechungen sind falsch?

- Bewahren Sie sich eine gesunde Skepsis!
- Vertrauen Sie Ihrem Verhandlungspartner!
- Versprechen Sie Ihrerseits auch etwas!
- Bleiben Sie kritisch!
- Nehmen Sie die Versprechung nicht ernst!

31) Zu Phase IV, dem Ergebnis, im Verhandlungsmodell gehören unter anderem:

- Mit einem Gewinnerlächeln freundlich sich verabschieden
- Die Richtigkeit der Entscheidung bekräftigen
- Das Ergebnis wortlos akzeptieren
- Analyse und Selbstreflexion
- Das Ergebnis zusammenfassen
- Die eigenen Verbesserungspotenziale nach einer Woche genau reflektieren

32) Bei Verhandlungen im Team gibt es folgende Rollen:

- Eröffner
- Beobachter
- Zusammenfasser
- Schlichter
- Verhandlungsführer
- Mentor

33) Was kann für eine Verhandlung im Team von entscheidender Bedeutung sein?

- Flexibilität durch wenig Vorbereitung
- Sitzposition gegenüber
- Genaue Rollenaufteilung
- Penible Vorbereitung
- Ausstiegsszenario vorbereitet haben

34) Erfolgreiche Handlungsempfehlungen sind:

- Ja, machen wir
- Schweigen
- Um Positionen kämpfen
- Gut interpretieren
- Optionen entwickeln
- Vorschläge machen
- Professionelle Vorbereitung

10.
Lösungen zum Abschlusstest

1) Antworten:
Vorbereitung, Einstieg,
Verhandlungsführung,
Ergebnis
2) Antworten: 1, 4
3) Antworten: 2, 3, 4, 6, 7
4) Antworten: 1, 4, 6
5) Antworten: 4
6) Antworten: 1, 2, 3
7) Antworten: 2
8) Antworten: 5, 6
9) Antworten: 2, 5, 6
10) Antworten: 3, 5, 6
11) Antworten: 1, 3, 6
12) Antworten: 1
13) Antworten: 1
14) Antworten: 3, 5
15) Antworten: 1, 3, 4, 5, 6
16) Antworten: 1, 4
17) Antworten: 1, 3, 4, 7
18) Antworten: 3
19) Antworten: 2
20) Antworten: 1, 4
21) Antworten: 1, 2, 3, 4, 5
22) Antworten: 2, 3, 5
23) Antworten: 2, 3, 5
24) Antworten: 1, 2
25) Antworten: 1, 3, 4
26) Antworten: 2, 4, 5
27) Antworten: 1, 2, 5
28) Antworten: 1, 3, 5, 6
29) Antworten: 4, 5
30) Antworten: 2, 3, 5
31) Antworten: 2, 4, 5
32) Antworten: 2, 3, 5
33) Antworten: 3, 4, 5
34) Antworten: 2, 5, 6, 7

Videoübungsfeedback

Lassen Sie die/den Feedbackgeber/in hier direkt »während« der Videoübung schriftliche Notizen machen.

Achtung!
Als Feedbackgeber/in haben Sie eine außerordentlich wichtige Rolle, Sie geben eine Rückmeldung über beobachtetes Verhalten und über die Wirkung auf Sie in der konkreten Situation. Ihre Beobachtungsgenauigkeit ist entscheidend für die Qualität des Feedbacks. Bitte machen Sie Ihre Notizen (stichwortartig) bereits »während« des Gesprächs und teilen Sie diese dem/der Verhandlungspartner/in nach der Übung persönlich mit. Das Feedback bitte auch auf Video aufzeichnen.

Folgende Feedbackregeln dabei immer beachten:

- Immer das »Positive« zuerst (»Gut gefallen hat mir ...«). Auf die genaue Beobachtung und die Rückmeldung von konkretem Verhalten in der jeweiligen Situation achten. Mehrere positive Aspekte ansprechen.
- Verbesserungsvorschlag in der Ichbotschaft senden (»Ich hätte in dieser Situation das so gemacht ...«). Maximal drei Verbesserungsvorschläge. Weniger ist mehr.
- Mit einem konkreten, positiven Statement das Feedback abschließen.

Zusätzlich bitte beachten:

- Feedback immer persönlich geben, blicken Sie der Person dabei in die Augen.
- Keine persönlichen Angriffe, auch nicht im Scherz!
- Die übende Person sollte sich nicht rechtfertigen, das Feedback nicht zerreden, sondern einfach schweigend annehmen. Ein Feedback ist eine wertvolle Rückmeldung über

wahrgenommenes Verhalten. Nutzen Sie es für die Reflexion des eigenen Verhaltens.
- Als Feedbackempfänger sagen Sie einfach »danke«.

Feedbacknotizen

Achten Sie dabei unter anderem auf Körpersprache, Gesprächsklima, Fragetechnik, besonders wirksame Formulierungen und Kommunikationstechniken und Verhandlungstaktiken.

Erkenntnisse, Notizen:

Danke

Diskussionen über Praxisbeispiele von Verhandlungssituationen, über die ein oder andere Technik und Taktik, über die logische Gliederung des Buchs oder auch nur über ein Leerzeichen zu viel oder zu wenig haben meine Frau, Arite Schima (Verhandlungsexpertin und Trainerin) und ich viel und bis lange in die Nacht hinein geführt. Das hat richtig Spaß gemacht, und manchmal waren das auch sehr schwierige Verhandlungen ☺.

Großen Dank auch an Herrn Magister Peter Pokorny, Vorstand der Medien AG, für das intensive Korrekturlesen des Manuskripts und die wertvollen Anmerkungen und Denkanstöße.

Nachwort

Nun haben Sie es wirklich geschafft! Wenn Sie alle Übungen und die entsprechenden Notizen dazu gemacht haben, werden Sie sich um große Schritte in Ihrer Professionalität bei Verhandlungen weiterentwickelt haben. Dazu gratuliere ich Ihnen von ganzem Herzen.

Feedback
Über Ihr Feedback freue ich mich sehr! Bitte schreiben Sie mir Ihre Erfahrungen mit diesem Buch und Ihre Anregungen und ganz besonders Ihre Erfolgsstorys aus Ihrer Praxis.
Direkt an: striebl@portapatet.de

Ich wünsche Ihnen von ganzem Herzen viel Erfolg.

Ihr

Dr. Ulrich Striebl
Lisberg 2011